王佩佩　主编

精准护肤

好皮肤
日常护肤
七步法

中国科学技术出版社
·北 京·

图书在版编目（CIP）数据

精准护肤：好皮肤日常护肤七步法 / 王佩佩主编 .
—北京：中国科学技术出版社，2024.3
ISBN 978-7-5236-0555-4

Ⅰ . ①精… Ⅱ . ①王… Ⅲ . ①皮肤 - 护理 Ⅳ .
① TS974. 11

中国国家版本馆 CIP 数据核字（2024）第 048425 号

责任编辑	曹小雅
封面设计	王梦珂　沈　琳
正文设计	中文天地
责任校对	张晓莉
责任印制	李晓霖

出　　版	中国科学技术出版社
发　　行	中国科学技术出版社有限公司发行部
地　　址	北京市海淀区中关村南大街 16 号
邮　　编	100081
发行电话	010–62173865
传　　真	010–62173081
网　　址	http://www.cspbooks.com.cn

开　　本	880 mm × 1230 mm　1/32
字　　数	245 千字
印　　张	8.875
版　　次	2024 年 3 月第 1 版
印　　次	2024 年 3 月第 1 次印刷
印　　刷	北京盛通印刷股份有限公司
书　　号	ISBN 978–7–5236–0555–4 / TS・113
定　　价	68.00 元

编委会

序一

简单高效的护肤宝典　曙光初现的中国零售

"颜值时代",人们越来越关注自己的肌肤,安全、科学护肤需求日益增长,"个性化"护肤诉求不断升级。《精准护肤》以主编王佩佩先生15年深耕美妆领域的宝贵经验,提炼出解锁肌肤密码,守护肌肤完美平衡与健康的护肤法则。

这是一本直击消费者痛点,帮助消费者获得简单高效护肤方案的好书,非常值得中国美妆零售业关注。多年来,国内商界多以精细化的日本零售为标杆,通过这本书,我们可以从一个侧面窥见中国零售正在走向世界前端。这本书将为大家带来科学护肤的全面诠释,为大家提供有益的启示和借鉴。

消费的理性回归,带来了终端零售的新机会。国外大牌很久以来占据美妆主流市场,终端零售也被屈臣氏、丝芙兰等外资企业垄断,进入新消费时代,护肤理念持续迭代,消费者更加注重成分、功效,一大批优秀的国潮品牌脱颖而出,给消费者带来更多的新体验、新选择。

"一瓶多用"的时代逐渐过去,"科学护肤"的概念直入人心,消费者的护肤需求不断细分。随处可见的产品"种草"和科普,在让消费者轻松获得碎片化的护肤知识的同时,也可能造成无意识的盲目跟风,因此特别需要能够提供专业内容的消费指导,引导消费者选择真正适合自己的产品,正确有效地使用高品质产品的品牌。

本人很看好王佩佩先生开创的精准护肤模式,分肤分龄、按肤选品、自测自选，充分体验逛街乐趣。无论未来趋势如何，"精准护肤"始终是最根本的护肤理念！要系统地了解掌握精准护肤，这本书是最好的礼物！

范君

中国百货商业协会会长

序二

科学养肤　精准护肤

爱美之心，人皆有之；变美之法，护肤是其一。

白皙、光滑、润泽的肌肤，是众多东方女性所向往的肌肤状态。在信息量爆炸的网络时代，如何抓取有效护肤知识，科学养肤，精准护肤，是很多人既渴望又迷惘的事情。

我与主编王佩佩相识十数年，一路见证其与其创办的美妆零售连锁品牌狐狸小妖的成长。作为接近消费者的"一线"，王佩佩不仅为消费者提供美妆护肤的产品与服务，更能够总结出不同类型的消费者的有效护肤经验，并将这些经验汇编成《精准护肤》宝典，这在业界实属难得。

中华上下五千年，护肤历史同样源远流长。尽管护肤之法早有记载，但随着环境与时代的变迁，护肤理念与产品的不断迭新，护肤需求也不尽相同。

本书从肌肤类型出发，归纳出"四种类型肤质""三个等级肤况"，给予"正确护肤的七个步骤""护肤品的八种常见功能"，从护肤理念到护肤根源，再到护肤细则，乃至细化护肤时间等，一一细数。本书集护肤理论、专业知识与实际操作指导于一体，帮助消费者更好地选择适合自己的护肤方式与护肤产品，让每一个爱美的人都能从中获得行之有效的变美方法，值得详细研读。

桑敬民

中国美容博览会创始人、主席

序三

护肤的认知革命

走进商店，你可以先测一下自己的皮肤是什么类型，处于肤质的哪个等级；然后走到中岛，根据护肤的七个步骤，开始在店内仔细挑选，不需要人推荐，根据自己的皮肤状态，到对应的产品区，每一款产品都有详细的文字介绍，像读完一本书，好不好，合不合适，有没有新发现，每个人都有自己的收获。

"在这儿购物就是一次护肤的认知革命呀！"逛完店，我将第一直觉告诉王佩佩，王佩佩笑笑，变戏法一样拿出《精准护肤》的初稿。本书围绕如何检测皮肤，如何选对产品，如何用对产品三大主线，共有十个章节，十余万字，是我见过最专业最友好的护肤指南。

王佩佩发起的是一场护肤的认知革命。消费者只有两种，一种是了解自己皮肤的；一种是不了解自己皮肤的。

15年前，大部分消费者是不了解自己皮肤的。王佩佩从一家9平方米的美妆微店开始，每天做的就是宣讲的工作，你是什么皮肤类型，适合什么样的产品，王佩佩像医生面诊一样，在店里一干就是6年，面对面接触了6000万人次以上的消费者，店铺成了提升消费者护肤认知的重要场所。

如何通过店铺陈列就能提升消费者对护肤的认知，让消费者能买对、能用好，这是王佩佩一直在探索的问题。

随着时代的发展，美妆的认知场景迁徙到了小红书与直播间，短短几年，消费者对美妆产品的认知有了极大提升，与此同时，也对实体店产生很大冲击。王佩佩认为鼓励消费者重返线下，需要的是与自身认知匹配的店铺。

《精准护肤》是王佩佩基于 15 年实践提出的护肤理论，理论指导实践，他创办的护肤精选仓济南首店是实体版的《精准护肤》。王佩佩计划每年出一本书，用实践进一步完善《精准护肤》的理论，逐步形成他自己的经营哲学。

我对出书是有敬畏的，有价值的书一定要有理论支撑，王佩佩的笃定让我想起经济学家林毅夫对理论的一个分析。

1995 年，林毅夫提出"未来世界著名经济学家都将来自中国"，很多人不信，林毅夫的分析基础是：任何理论都是对现象的解释。经济学理论也是解释现象的一个简单的因果逻辑，怎样判断经济学家理论的重要性？因果逻辑没有办法比较，只能比较现象，现象越重要，解释这个现象的理论就更重要。

卖化妆品虽然是个小生意，但王佩佩很早就开始研究全球著名的零售企业。20 世纪 60 年代，日本经济飞速发展，出现了非常多优秀的零售企业，如优衣库、无印良品、7-11 便利店、茑屋书店等都有自己的经营哲学。中国零售市场线上线下碰撞、融合、创新超过任何一个国家，中国美妆市场持续增长，中国美妆零售将引领全球美妆零售进入下一个发展时代。王佩佩创办的护肤精选仓正好各方面引领了这个发展趋势。

深入研究三浦展描述的《第四消费时代》后，王佩佩创办的护肤精选仓在品类上做减法聚焦"护肤"，在选品上做减法聚焦"精选"，迎接中国消费者从繁到简的第四消费时代。

看完店，我终于明白王佩佩为何坚持让我一定要来济南看看。听他讲完"2030 年 1000 家店"的战略规划，回家看完十余万字严谨的《精准护肤》，不得不相信，王佩佩开启了中国美妆零售新的里程碑。

对于消费者，护肤先知肤，了解自己是一切美好的开始。对于王佩佩，《精准护肤》不仅仅是一本书，更是护肤的一次认知革命，是对美妆零售理论的深度思考。当越来越多的企业用理论指导行为，中国化妆品产业也就自然从模仿走向了创新。

邓敏
品观董事长、新青年学园创始人

序四

"薄皮肤"下的"厚学问"

爱美之心人皆有之，女人则更甚——又有哪个女人不希望美丽长存呢？

美丽大半源自皮肤。从《长恨歌》中的"温泉水滑洗凝脂"到《浣溪沙·倾国倾城恨有馀》中的"倚风凝睇雪肌肤"，再到《昭君辞》中的"骨似琼瑶肌似冰"，古代诗人笔下的美人，总少不了肌如凝脂、玉容朱颜的特质。

皮肤健康不仅关乎颜值，更关乎身体健康。作为人体最大的器官，皮肤的功能可谓强大：它不仅是保护人体的第一道屏障，还有着体温调节、感觉、吸收、分泌、代谢及免疫等功能。同时，皮肤还能展现出人体体内和体外的环境因素变化，《黄帝内经》有云："有诸形于内，必形于外。"可见，皮肤是我们身体状况的"晴雨表"。

同时，皮肤也是脆弱的。从婴幼儿时期的湿疹到青少年时期的青春痘，从常见的过敏性皮炎到罕见的日光疹，几乎每个人在一生中都会遇到这样或那样的皮肤问题。相关数据显示，中国人群皮肤疾病的患病率高达 40%~70%，所致健康寿命损失在所有疾病中位列第四。世界卫生组织（WHO）称，皮肤病将是 21 世纪人类历史上发病率最高、致残率最高、传染性最强的一种疾病。因此，护肤不仅是爱美女性，更是全社会、全人群广泛关注的话题。

那么，该如何科学护肤、精准护肤呢？是求助万能的互联网，还是专业医师线上线下的健康科普？恐怕都不尽如人意：一方面，当前互联网上关于护肤的知识良莠不齐，不少"大V"和美妆博主出于各自的目的，打着"鉴定""科普"的旗号，一味夸大皮肤问题与护肤产品功效，让人真假莫辨；另一方面，部分专业皮肤科医师的科普晦涩难懂，且无论是线上短视频还是线下科普宣教，所传递护肤知识大多是碎片化的、不成体系的，缺乏医学专业知识的普通百姓听后往往"丈二和尚摸不着头脑"——广大求美者太需要一本科学严谨且通俗易懂的科普书籍来指导"护肤"的方方面面了。

正因如此，《精准护肤——好皮肤日常护肤七步法》应运而生。

本书由《医师报》报社与全国百强美妆连锁品牌狐狸小妖创始人、中国化妆品领袖主席团商业副主席、中国化妆品连锁店专家委员会常务委员王佩佩先生共同出品，用五个部分、十个章节，深入浅出地将肤质的四种类型、护肤品的八种常见功能、肤况的三个等级、正确护肤的七个步骤等知识点囊括其中。如何卸妆、洁面、敷面膜？护肤水、精华、眼霜、乳液、防晒分几种类型？又该如何使用？皮肤常见问题的处理对策有哪些？在书中，王佩佩先生将多年来积累的丰富、实用的护肤经验倾囊相授，手把手地教会读者知肤、护肤、选择适合自己的护肤品，以及正确精准、简单高效的护肤法则。读罢不仅能够帮助我们了解皮肤，纠正护肤误区，也能够帮我们找到未来的求美信标。

我向每一位女性朋友，每一位求美路上的行者推荐此书，相信读后，你会感慨于隐藏在0.5～4毫米"薄皮肤"下面的"厚学问"，也会感慨于作者处理"小问题"的"大智慧"。

张艳萍
《医师报》报社执行社长兼执行总编辑

第二篇

选对：如何看懂并选对适合自己的成分及功能

第三篇

用对：正确护肤的7个步骤

第四篇

那些常见的恼人问题

第五篇

关于护肤的常见问题及答案

开篇
精准护肤总览

人们护肤想要的是什么？

白、细、嫩、弹、滑！

这5个字让无数人前仆后继，一生追求。千百年来，未曾改变！

十几年来，王佩佩带领自己一手创立的品牌团队，累计面对面服务过6000万人次以上的消费者。总结下来，大众心目中的完美皮肤可以概括为白、细、嫩、弹、滑这5个方面。无论年龄大小，无论古今，这样的皮肤都是理想皮肤。这也就不难理解，为什么大家在拼命使用各种面膜、精华、眼霜的同时，还不断尝试着刷酸、磨砂膏、去死皮等特殊护理，以及各类粉底、粉饼等修饰型产品。爱美之心人皆有之，这无可厚非。我们亲眼见证过无数人的皮肤由差变好，甚至"逆龄"生长，也目睹了太多消费者因为急功近利，盲信"××推荐"，导致皮肤越来越差的案例。本书把皮肤衰老和肤质越来越差的原因，总结为"内因三大杀手"和"外因三大杀手"；并且把正确护肤的方法总结为"精准护肤10大原则""精准护肤10大方法""精准护肤的6个'先后'""决定肤质肤况的3个'一半'""精准护肤的5个'黄金30秒'""影响皮肤吸收效果的7大黄金法则""正确护肤的7个步骤""4837精准护肤法"等。为了让广大爱美人士能更方便地选择适合自己的产品，本书还总结了具体的"一览表"和"对比图"，例如"不同肤质如何根据质地选择洁面产品""洁面产品的清洁能力和温和度对比图""不同肤质如何选择护肤水""护肤水的渗透力和持久性对比"等，这些"产品表""对比图"就像乘法口诀和化学元素周期表一样，方便消费者在需要的时候一目了然地选择适合自己的产品。这些原则、方法和观点虽不像医学理论那样丝毫不差，但却能帮助广大消费者更快速地实现"完美皮肤"的梦想。

精准护肤十大原则

原则一：适合，大于一切。①

原则二：要护肤，先知肤。②

原则三：选对＋用对，才有好皮肤。③

原则四：防大于治。④

原则五：长期大于短期。⑤

原则六：并非越贵越好，适合自己才好。⑥

原则七：缺水几乎是皮肤问题的"万恶之源"。⑦

原则八：顺序决定效果。⑧

原则九：时间越长，效果越好。⑨

原则十：如果不对症，再好的"药"也无效。⑩

---

① 详见第二篇第三章"看懂成分，选择适合自己的护肤品"。

② 详见第一篇第一章"要护肤，先知肤"。

③ 详见第一篇第二章第二节中护肤不当部分。

④ 详见第五篇第十章第六节"抗衰问题"。

⑤ 详见第一篇第一章第三节中的皮肤本命年及3年护肤对策部分。

⑥ 详见第五篇第十章第八节"选品问题"。

⑦ 详见第一篇第二章第二节中的保湿不足部分。

⑧ 详见第一篇第二章第二节中的护肤不当部分。

⑨ 详见第一篇第一章第二节中的吸收功能部分。

⑩ 详见第二篇第三章"看懂成分，选择适合自己的护肤品"。

精准护肤十大方法

① 皮肤护理要"对症下药"。①

② 护肤的本质是护理角质层。②

③ 早上护肤和晚上护肤的区别：早防护，晚修复。③

④ 皮肤本命年及3年护肤对策。④

⑤ 针对"内因三大杀手"和"外因三大杀手"的护肤对策。⑤

⑥ 护肤手法的两大法宝：复涂法、捂压法。⑥

⑦ 肤质肤况，对应选择；分肤分龄，精准适配。

⑧ 美白的本质是保护基底层。⑦

⑨ 精准护肤的6个"先后"。

⑩ 精准护肤的5个"黄金30秒"。

---

① 详见第二篇"选对：如何看懂并选对适合自己的成分及功能"。

② 详见第一篇第一章第一节的角质层部分。

③ 详见第三篇第四章第三节"早上护肤"及第四节"晚上护肤"。

④ 详见第一篇第一章第三节"皮肤美学与健康"。

⑤ 详见第一篇第二章"要不老、先防老"。

⑥ 详见第一篇第二章第二节"皮肤衰老的外因三大杀手"。

⑦ 详见第一篇第一章第一节"皮肤的结构和各自对应功能"。

精准护肤的6个先后

1. 先清后护：清洁是前提，护理是后续。

2. 先通后补：毛孔不疏通，营养难吸收。

3. 先水后养：水是影响吸收的最大因素。

4. 先稀后稠：先用质地较稀的化妆水、精华；再用质地较稠的乳液、面霜，不然影响吸收。

5. 先点后面：用完化妆水后，先用祛痘、淡斑、去黑眼圈等解决特殊部位问题的护肤品，再用乳、霜、防晒等全脸使用的护肤品。

6. 先短后长（面膜除外）：先用停留时间短、易蒸发的护肤品；再用驻留时间长、能封闭的护肤品。[1]

---

[1] 详见第三篇"用对：正确护肤的七个步骤"。

决定肤质肤况的3个"一半"

皮肤的肤质和肤况几乎是由3个"一半"决定的：一半先天，一半后天；一半内因，一半外因；一半选对，一半用对。[①]

影响皮肤吸收效果的7大黄金法则

1. 适合。
2. 浓度。
3. 用量。
4. 温度。
5. 顺序。
6. 时长。
7. 湿度。[②]

精准护肤的5个黄金30秒

护肤步骤里的几个"吸收效果最佳"的时间窗口，可以简单概括为5个"黄金30秒"，在护肤过程中把握好这5个"黄金30秒"可以起到事半功倍的效果。[③]

正确护肤的7个步骤

护肤分早晚，早晚分别包括7个护肤步骤。早上7步分别是：洁面、护肤水、精华、眼霜、乳液、面霜和防晒；晚上7步分别是：卸妆、洁面、面膜、护肤水、精华、眼霜、面霜。[④]

[①]　详见第一篇第一章第一节"皮肤的结构和各自对应功能"。
[②]　详见第一篇第二章第二节中的用错部分。
[③]　详见第一篇第二章第二节中的护肤不当部分。
[④]　详见第三篇第四章"正确护肤为什么是7步"。

4837精准护肤法

在这一系列的观点和方法的基础上，我们提炼出了 4837 精准护肤法，具体来说就是 4 种皮肤、8 种功能、3 个等级、7 个步骤。

"4837 精准护肤法"基于"对症下药"这一底层逻辑，"症"就是肤质肤况，分别对应"4 种皮肤"和"3 个等级"；"药"就是功能、成分，对应"8 种功能"；在"症"和"药"匹配的前提下，"药"的"服用方法"同样会影响效果，它对应"7 个步骤"。

4 种皮肤：干性皮肤、油性皮肤、混合性皮肤和敏感性皮肤。

8 种功能：保湿、控油、水油平衡、温和、提亮、抗衰、通用、卸妆。

3 个等级：每种肤质根据皮肤状态划分为 2~3 种肤质分级，干性皮肤（干型、超干型）、油性皮肤（油型、超油型、油痘型）、混合性皮肤（混合型、混合偏油型、混合偏干型）、敏感性皮肤（敏感型、红血丝型）。

7 个步骤：早上 7 步：洁面、护肤水、精华、眼霜、乳液、面霜、防晒；晚上 7 步：卸妆、洁面、面膜、护肤水、精华、眼霜、面霜。

本书将围绕着这些观点和方法一一展开。正确使用这些方法，你的皮肤将会得到改善，这是被无数案例证明了的、行之有效的方法。

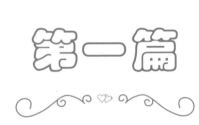

第一篇

测对：
如何正确判断
自己的肤质肤况

CARE

第一章
要护肤，先知肤

　　开始阅读这本书前，我们要明确精准护肤的第一原则"适合，大于一切"，这也是我们精准护肤 10 大方法中的第一条所倡导的：皮肤护理要"对症下药"。但恰恰这一条，很多人在一开始就做错了。只看广告，不看疗效；只看"网红"，不看自己。他们在对皮肤不了解的情况下，抱着"不放过一切机会"的心态，"病"急乱投医。在挑选产品前，我们要先了解自己的肤质，考虑自己的肤况，正所谓"要护肤，先知肤"，正确地护肤，从了解皮肤开始。

第一节 皮肤的结构和对应功能

肤质可以改变吗？

答案是可以。我们可以通过正确的护肤方法，改变我们的肤质肤况。

如前所述，我们的肤质肤况几乎由3个"一半"决定（见图1-1）。第一个"一半"是"先天"和"后天"，决定我们肤质肤况的先天因素只占到约一半，如遗传基因，剩下一半是后天因素决定的，如环境、饮食、睡眠、使用的产品等。第二个"一半"是后天因素中的"内在"和"外在"，内在因素包括饮食、睡眠、吸烟等，外在因素是指外界对皮肤产生的不当刺激。第三个"一半"是指对皮肤产生不当刺激的外在因素，可以分为"选错"和"用错"：一是选错产品，不管产品是否适合自己，就盲目跟风选择；二是使用产品时用错了手法或步骤，如过度去角质、先用乳液后用水（详见第三篇第四章第二节"正确护肤为什么是7步，6步或8步不行吗"）。

所以，肤质可以通过后天的努力来改变，遗传因素不是决定肤质的

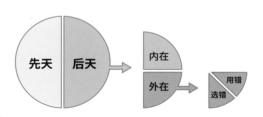

决定肤质肤况的因素　　后天包含的因素　　外在包含的因素

图1-1　决定肤质肤况的3个"一半"

主要因素，年龄、饮食、环境、护肤方法等因素同样会对肤质有很大的影响。皮脂量、皮肤含水量、角质层厚度等决定肤质，紫外线照射、皮肤中胶原蛋白含量、护肤方法等决定肤况。再好的皮肤也禁不起折腾，如果采取错误的护肤方式，即使是令人羡慕的中性皮肤也会变成易干燥、起皮的干性皮肤或者容易出油、长痘的油性皮肤，甚至是经常过敏的敏感性皮肤；反过来，不管是干性、油性还是敏感性皮肤，都可以通过正确的护肤方式逐渐变成中性皮肤。

激动吗？想必你一定想知道具体怎么做才能获得理想皮肤，但先别着急，要护肤，先知肤，我们在行动之前一定要对我们自己的皮肤有充分的了解，才能更好地选择适合自己的产品，避开那些"功能神话"的产品，少让自己充当小白鼠。下面我们开始对皮肤进行了解。

你知道人体中最为庞大的器官是什么吗？没错，就是皮肤！皮肤的状态与视觉的美感直接挂钩。作为人体的第一道防线，它保护人体免受紫外线、病毒、细菌、机械等外界侵害；它是人体的重要感觉来源，感知冷、热、痛、痒；作为人体的重要代谢器官，能够帮助人体调节体温恒定、代谢皮脂和排汗、有效平衡内外环境等；作为人体最大的器官，皮肤可进行呼吸作用，与外界交换二氧化碳和氧气；在一定条件下，皮肤可以吸收水、维生素 A、维生素 D、动植物油脂、矿物性油脂等物质。它是人体"美"的重要载体。

它在结构上分为表皮层、真皮层、皮下组织这 3 层（见下页图1-2）。

一 表皮层

表皮层位于皮肤的最外层，其状态直接体现皮肤外观的健康与否，表皮层的水油含量和肤色决定着皮肤的视觉质感。当它代谢良好时，皮肤看上去就细腻光滑、柔软水润；当它代谢不好时，皮肤看上去就暗沉

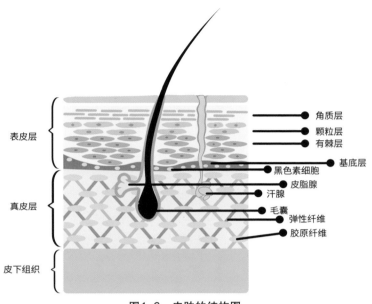

图1-2　皮肤的结构图

无光、粗糙晦暗。表皮层分为角质层、透明层、颗粒层、有棘层、基底层，其中透明层基本仅存于脚掌和手掌，故图 1-2 中未标明。

角质层

角质层位于皮肤表皮层的最外层，是跟"美"最直接相关的部分。

角质层具有完整性，呈相互嵌入式结构。完整的角质膜赋予了皮肤强大的屏障功能，可以预防一些微生物和紫外线的损伤。角质层是皮肤吸收外界物质最主要的部位，占皮肤总吸收能力约 90%，因此它与皮肤美容有较为明显的关系；除此之外，以脂质为主的角质层间隙，决定了角质层更容易吸收脂溶性物质的特性。因此，含有脂溶性物质的护肤品对于护理角质层更有效（详见第一篇第一章第二节"皮肤的屏障吸收功能"）。

角质层决定了皮肤的锁水能力。2%~3% 的油脂、17%~18% 的保湿因子及剩余约 80% 的神经酰胺（脂类）共同组成角质层的锁水屏障，角质层内的水分依靠它们保存。正常情况下，角质层的含水量为 10%~20%，当含水量低于 10% 时，角质层的柔韧性就会下降，皮肤会出现紧绷、脱屑甚至小的裂纹等问题；当温度下降时，角质层的含水量也会降低，所以在寒冷的冬天，皮肤更容易起皮、开裂，更需要做好皮肤保湿。

正常情况下，角质层保持经表皮水分流失量为 $2~5g/（h \cdot cm^2）$。当角质层受到破坏的时候，经皮失水量增加，当角质层受损严重时，经皮失水量可高达正常情况下的 30 倍，此时角质层下方的神经末梢感受到皮肤失水而产生瘙痒感，皮肤湿化可以缓解这种瘙痒感（详见第一篇第一章第二节中的屏障功能部分）。所谓皮肤湿化就是通过适当的措施使角质层的含水量达到正常水平，从而缓解不良症状的过程。但是湿化并非是单纯为皮肤补水，因为单纯补水只能使角质层暂时含水，这时水分很容易蒸发，皮肤会很快重新变得干燥，甚至比之前更缺水。所以除了补水还要使用保湿剂进行锁水（保湿剂的选择详见第二篇第三章第四节中的保湿部分）。因为保湿剂不但能补水，还能补充角质细胞间脂质成分，例如神经酰胺、游离脂肪酸、胆固醇、角鲨烯等，恢复和维持健康角质层的屏障锁水功能。因此，保护好皮肤的角质层对维持皮肤健康极为重要。

厚薄不同的角质层反射与散射出的光线也不同，表皮的颜色也会呈现变化。一般含水量较充足的皮肤，光的反射与散射更加均匀，皮肤看起来更有光泽、透亮；而干燥的角质层对光的散射杂乱，皮肤看起来晦暗无光泽；当角质层过厚时，透光性变差，皮肤看起来会显得粗糙、暗沉；过度"换肤""去死皮"会导致角质层过薄，皮肤的屏障功能受损，就容易出现如皮肤泛红、红血丝、色素沉着、干燥起皮、冒油起痘、老化加速等一系列皮肤问题。

影响皮肤吸收速度和效果的因素有很多，其中角质层水合作用是主要的影响因素。水合作用指的是角质细胞与水分亲和后体积变大，角质层膨胀疏松的过程。皮肤的水合程度决定皮肤的柔软度，水合程度越高，皮肤就越细嫩柔滑。皮肤的水合程度还会影响水溶性物质的经皮渗透吸收程度，高水合状态更有利于外界物质吸收。因为角质细胞膜是一层半透性渗透膜，当含水量增加时，膜孔直径会增大，形成细胞间孔隙，使得化学物质的渗透吸收程度增加。水合作用可以使角质层的含水量从10% 左右增加到 50% 以上，大大提高物质的渗透性（增加 5~10 倍）。水合程度越高，皮肤的吸收能力越强，蒸汽蒸面或者温水洗脸可补充角质层的含水量，从而增加皮肤的渗透性和吸收力。一些药物用塑料薄膜包封后，吸收系数甚至会提高 100 倍，就是因为包封阻止了水分蒸发，促使水合程度提高的结果。

综合来说，角质层吸收占皮肤总吸收能力的 90% 左右；角质层严重受损时，经皮失水可达正常情况的 30 倍；角质层的厚度和含水量直接决定皮肤的视觉美观度；角质层的水合程度决定皮肤的吸收能力。可以说，护肤的本质其实是护理角质层。

透明层

透明层只存在于手掌和脚掌，由 2~3 层退化的透明无核扁平细胞组成，具有屏障作用，可以防止水、电解质和化学物质进入。

颗粒层

细胞的角化从颗粒层开始，其位于有棘层上方，由 1~3 层梭形或扁平状细胞组成，其厚度与角质层厚度正相关，角质层薄的部位颗粒层为1~3 层，角质层厚的脚掌处可达 10 层。颗粒层与酸性磷酸酶、溶酶体酶等共同构成一个防水屏障，既使得水分不易从体外渗入，也阻止角质层以下的组织液向角质层渗出。

有棘层

有棘层由 4~8 层棘状凸起的多角形细胞组成，位于基底层上方。有棘层中最底层的棘细胞具有分裂功能，能参与修复损伤的表皮。

基底层

基底层位于表皮的最底层，也被称为皮肤的"生发层"，除了角质层，它与护肤的关系最为密切。基底层细胞具有生长分裂功能，可以不断产生新的细胞并持续向皮肤浅层推移，因此与皮肤的自我修复、创伤修复和瘢痕形成有着密切关系。

基底细胞处于未分化状态，具有持续生长分裂的能力，角质形成细胞从基底层逐渐演化并移向有棘层、颗粒层、透明层、角质层直至脱落约需要 28 天，这就是我们常听说的"护肤 28 天周期"，也就是表皮更替周期。

护肤要持之以恒，因为每天的表皮角质层都是由 28 天前的新细胞构成的，但 28 天的代谢周期也不是一成不变的，20 岁时，新陈代谢最为活跃。随着年龄的增长，新陈代谢周期将会多于 28 天；30 岁时约为 40 天；40 岁时约为 45 天；50 岁时达到约 55 天。老化角质无法持续更迭，不断附着在皮肤表面，皮肤会变得干燥，容易产生色斑，失去光泽，这也是为什么 20 岁的皮肤看上去水嫩光滑，过了 20 岁，如果没有精心护理，皮肤会越来越暗沉。新陈代谢周期过快和过慢都不利于皮肤的健康。因此护肤应该遵守表皮的更替周期，不宜使用强剥脱功效的产品。过度去角质会造成角质层受损变薄，从而导致皮肤的保水能力变差，出现干燥、起皮、脱屑的症状。若不及时护理，皮肤会因干燥而大量分泌油脂，形成"外油内干"的"假油"皮肤，或者变成频现红血丝、过敏、瘙痒、潮红症状的敏感性皮肤。为了保证皮肤角质脱落更接近 28 天的生理周期（见图 1-3），20 岁之前建议 30 天以上去一次角质；20~30 岁建议每个月去一次角质；30~40 岁建议每 10 天去一次角质；40~50 岁建议每 2 周去一次角质；50 岁之后建议每 3 周去一次角质。

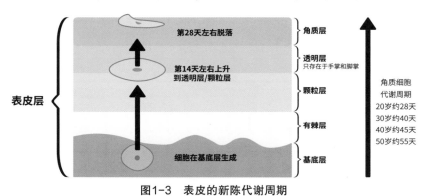

图1-3　表皮的新陈代谢周期

基底层中还含有一个亚洲人"人人喊打、深恶痛绝"的细胞——黑色素细胞。

深恶痛绝只不过是我们"求白心切"产生的情绪而已，黑色素细胞其实具有保护皮肤的作用。黑色素细胞位于基底层，细胞内含黑素小体，能够合成黑色素。黑色素通过散射和吸收紫外线来保护皮肤细胞 DNA 中的遗传物质免受侵害。

当皮肤受到紫外线、强力摩擦、拍打、炎症、激素等外界刺激时，表皮内侧就会产生内皮素等信息物质，这些物质会向位于基底层的黑色素细胞发出"产生黑色素"的指令，于是黑色素细胞中一种名为"酪氨酸"的氨基酸就在酪氨酸酶的作用下被氧化，变为多巴和多巴醌，最终形成黑色素，以保护皮肤（见图 1-4）。黑色素产生过量而代谢不掉的话就会形成色斑，甚至会导致皮肤变黑，所以我们平时一定要注意防晒。同时在日常护肤的时候注意不要强力揉搓皮肤，不要用干毛巾强力擦脸、不要过度去角质，护肤的时候尽量轻柔按摩、捂压，擦脸的时候轻轻拭干。所以，要想预防变黑和产生色斑，关键在于防晒、减少皮肤刺激和摩擦。

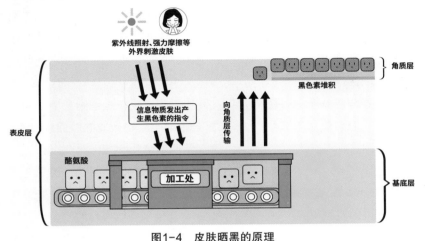

图1-4 皮肤晒黑的原理

综上，我们可以简单认为美白的实质是保护基底层（不受刺激）。我们知道了黑色素产生的原理，也就能有针对性地美白了（关于美白，详见第四篇第九章第一节"去黑"）。

总的来说，表皮最重要的作用是形成机体的外部屏障，同时也有吸收和免疫功能。

二 真皮层

真皮层位于表皮层下，对表皮起支撑作用，皮肤的松弛、皱纹等与视觉美相关的问题均在真皮层产生。真皮层主要由胶原纤维、弹性纤维、网状纤维等构成的含有胶原蛋白、弹力蛋白的结缔组织和像果冻一样的基质组成。真皮层将表皮层与皮下组织相连，保护下方组织免受机械性损伤，增强表皮层的屏障功能。真皮层对皮肤的弹性、光泽度和张力都起到重要的作用。如果皮肤有松弛、长皱纹的迹象，就需要在这一层下功夫。

胶原纤维

胶原纤维内含胶原蛋白宽度不一的胶原纤维束，是真皮纤维的主要组成部分，约占真皮层组成成分的七成。呈网状分布在真皮层中的胶原纤维可以维持皮肤的张力，韧性强，抗拉力强，内含的胶原蛋白能令皮肤丰盈、饱满。

胶原与皮肤老化有密切关系，20岁以后真皮纤维细胞数量逐渐减少，胶原总含量每年减少约1%。日光辐射也会导致成熟胶原束减少，皮肤出现皱纹和松弛（关于松弛，详见第四篇第九章第四节"去皱"）。

胶原纤维减少会导致皮肤老化，20岁后，皮肤内的胶原纤维总含量以每年大约1%的数量逐渐减少，皮肤就开始出现老化的迹象。紫外线照射是成熟胶原束减少的直接原因之一。活性氧也会破坏胶原蛋白，出现松弛、皱纹。通过外涂防晒和含有虾青素、VC衍生物等成分的抗氧化护肤品，内服含胶原蛋白分子的食品或口服液，可以增加体内胶原蛋白总含量，达到抗衰减皱的目的。

弹力纤维

弹力蛋白和微原纤维共同构成弹力纤维，占皮肤干重的2%～3%。其占比虽小，但是对皮肤的张力和弹力起着重要作用。弹力纤维能够维持皮肤弹性，可以防止皮肤过度松弛。紫外线照射和活性氧会导致弹性纤维变性，产生皮肤松弛、皱纹等老化现象。

网状纤维

网状纤维是一种纤细的、未成熟的胶原纤维。正常皮肤中网状纤维稀少，多与伤口愈合有关。

基质

基质是一种无定形物质，又叫组织液或组织间隙液。基质不仅起到支持和连接细胞的作用，还具有参与细胞形态变化、细胞增殖、分化和迁移等多种生物学作用。基质由蛋白多糖和糖胺聚糖等构成，皮肤中的糖胺聚糖包括透明质酸（存在于人类皮肤中）、硫酸软骨素、硫酸皮肤素、硫酸角质素等，对皮肤保水和支撑皮肤结构起到重要作用。

三 皮下组织

皮下组织是皮肤最深处，也是最内侧的部分，起到物质交换、保温、储存能量的作用。

四 皮肤附属器官

毛囊和毛发

毛囊多与皮脂腺相连，主要作用是产生毛发并支持毛发的生长。

皮脂腺

皮脂的分布与结构

除掌跖、足背外，身体其他部位的皮肤都存在皮脂腺；其中，头部、面部、躯干部等部位的皮脂腺多且大。

皮脂腺合成和分泌油脂的活动主要受雄激素水平的调控。受雄激素的影响，处于青春期的皮肤皮脂腺活跃，皮脂分泌旺盛。皮脂异常活跃时会导致痘痘、脂溢性皮炎等皮肤问题；青春期后激素水平下降，皮脂腺活力下降。

✿ 皮脂的作用

皮脂是皮脂腺分泌和排泄的产物，皮脂膜则是由这些皮脂、角化细胞和外界水分共同形成的乳化剂膜。

皮脂主要的作用有润滑皮肤、抗菌、抗氧化损伤，为正常的皮肤屏障提供皮脂。一旦皮脂腺功能失调，将会导致体表脂谱异常和屏障功能受损，其中皮脂合成量和组成发生改变，都可能会产生各种炎症性皮肤问题，如痤疮、毛囊炎、酒糟鼻、脂溢性皮炎等。

①皮脂膜具有润滑作用，覆盖于体表，又称体表脂质膜，其作用是润滑皮肤。由于手掌、手指、足掌、足趾没有皮脂腺，所以经常出现干裂的现象。

②皮脂排泄到皮肤表面后，小部分会附着于毛发，并滋养毛发。如果毛发缺少皮脂，则会出现干枯毛躁，甚至断裂的现象。

✿ 皮脂腺的分泌及影响因素

影响皮脂腺分泌功能的因素很多，主要有激素水平高低、年龄增长、温度变化、角质层含水量、饮食等几个方面。

①激素水平高低。雄性激素会使皮脂腺腺体肥大并增强其分泌功能，而雌性激素会抑制皮脂腺的分泌活动，所以相比女性，男性的皮肤更容易出油，并且有毛孔粗大等症状。

②年龄增长。随着年龄的增长，皮脂腺会逐渐萎缩。在60岁以上的人体中，皮脂腺叶明显萎缩。

③温度变化。皮脂分泌量与温度变化正相关，所以夏天的皮肤会比冬天油一些。

④角质层含水量。皮肤角质层含水量与皮肤湿度也会影响皮脂的分泌量。当皮肤的湿化程度较为完全时，皮脂分泌的油分会与水分相交乳化，形成皮脂膜，此时皮脂在面部扩散的速度会因为这层膜的阻挡变得缓慢；相反，皮肤角质层含水量低时，皮肤更容易出油。所以，可以通

过补水来抑制皮肤分泌与减缓扩散速度（详见第二篇第三章第四节中的保湿部分）。但是用超过37℃的水洗脸会刺激皮肤，造成皮脂过度丧失，反而会加速皮脂腺分泌速度。

⑤饮食。辛辣刺激、油腻和甜食都会刺激皮脂腺分泌皮脂。糖分和蛋白质相结合后会形成劣质蛋白质，不仅会让皮肤逐渐变黄，还容易刺激雄激素过剩，导致皮脂腺分泌过多，引起炎症反应的同时诱发内分泌失调，引发痘痘（详见第一篇第二章第一节中的糖化部分）。

外泌汗腺

外泌汗腺又被称为"小汗腺"，作为一个排泄器官，它在分泌汗液时对于维持人体温度稳定、维持体内电解质水平、维持体内的酸碱平衡度包括乳化皮脂都有一定的作用。

顶泌汗腺

顶泌汗腺又被称为"大汗腺"，由腺体和导管构成，主要分布于腋窝、脐周、肛周等部位。其分泌的汗液为乳状液，经皮肤表面的细菌分解后会产生恶臭异味。

指甲

指甲由坚硬的角蛋白组成，呈半透明状，具有保护甲床免受损伤的作用。

五　小结

皮肤结构及问题发生处理对策如图1-5所示，因透明层基本只存在于脚掌和手掌部位，图中不再进行说明。

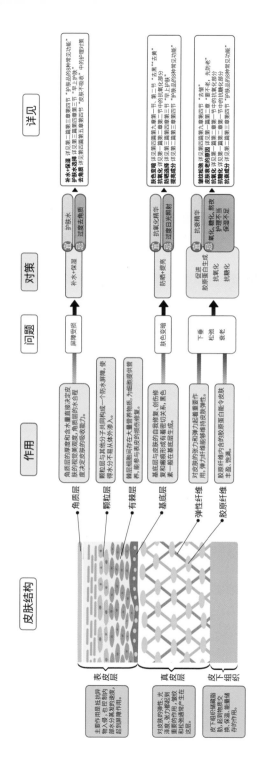

图1-5 皮肤结构及问题发生处及对策总图

皮肤结构　作用　问题　对策　详见

表皮层

角质层　角质层的厚度和含水量直接决定皮肤的粗糙柔润度、角质层的水含量决定皮肤的吸收能力。

颗粒层　颗粒层与其他分子共同构成一个防水屏障，使得水分不易从人体外渗入。

有棘层　棘层细胞间存在大量营养物质，为细胞提供营养，能参与表皮的损伤修复。

主要作用是抵抗异物入侵，也控制内部水分蒸发的速度，起到屏障作用。

屏障受损 → 补水+保湿

护肤水　宜　补水+保湿
过度去角质　忌

补水+保湿 详见第四篇第九章第四节"护肤品的8种常见功能"
护肤选择 详见第四篇第五章第四节第三节"早上护肤"
去角质 详见第四篇第五章第四节第四节"皮肤不吸收"中护理对策

真皮层

基底层　基底层为皮肤的自我修复、创伤修复和瘢痕形成有着密切的关系，黑色素一般在基底层生成。

弹性纤维　对皮肤的张力和弹力起着重要作用，弹力纤维能够维持皮肤弹性。

对皮肤的弹性、光泽度、张力都起到重要作用，皱纹和松弛通常产生在此层。

肤色变暗 → 防晒+提亮

抗氧化精华　宜
过度日光照射　忌

肤色变暗 详见第四篇第九章第一节"去黑""去黄"
抗氧化 详见第二篇第三章第四节第一章中的抗氧化部分
提亮成分 详见第四篇第三章第四节"护肤品的8种常见功能"

皮下组织

胶原纤维　胶原纤维内含的胶原蛋白能令皮肤丰盈、饱满。

皮下组织储藏脂肪，起到物质交换、保温、能量储存的作用。

下垂
松弛　→　促进胶原蛋白生成
衰老　抗氧化
　　　抗糖化

抗衰精华　宜
氧化、糖化、熬夜　忌
护理不当
保湿不足

促进胶原蛋白生成 详见第四篇第九章第四节"去黄"
皮肤衰老的原因 详见第一篇第二章第一盘"要不老，先防老"
抗氧化 详见第二篇第三章第四节第一章中的抗氧化部分
抗糖成分 详见第四篇第三章第四节"护肤品的8种常见功能"

24

第二节　皮肤的屏障和吸收功能

皮肤是人体的天然"保护壳"，保护着人体的"内在"，对于人而言这是一个广义的屏障。对于皮肤自身，皮肤又是什么？表皮层是皮肤的第一道屏障，是身体与外界接触的第一道防线，是人体内、外环境的分界，此外它还是一个重要的免疫器官，具有屏障、吸收、体温调节、感觉应答、免疫、分泌排泄等功能。

一　屏障功能

皮肤的屏障功能是指皮肤所具有的维持机体内环境稳定及抵御外环境有害因素的防御功能。它可以防止外界环境中的化学、物理、生物等因素的侵入，一定程度上抵御外界刺激，还能防止机体水分和营养物质的流失。稳定的屏障功能是皮肤健康的关键。

皮肤的屏障功能

✿ 角质层的屏障作用

角质层作为皮肤固有免疫系统的重要组成部分之一，能防止外来化学物质和微生物进入皮肤，是皮肤的第一道防线。角质层致密而柔韧，能耐受轻度的搔抓和摩擦。如果角质层损伤，耐受能力会明显变弱，皮肤就会变得敏感易受刺激。

角质层也能抵御部分来自紫外线的伤害，角质内的角质细胞、有棘层的棘细胞和基底层的黑色素细胞能吸收不同波长的紫外线。

水、脂类和能保留水分的天然保湿因子（NMF）构成一个天然保湿系统，存在于人类皮肤中。成年人每天丢失的水分大概在240～480毫升。如果没有角质层，人体失水量将会达到10~30倍以上，所以皮肤的屏障还能起到保证减少水分蒸发的作用。

（1）角质层滋润要素

角质层滋润要素有透明质酸、天然保湿因子和神经酰胺（见图1-6）。

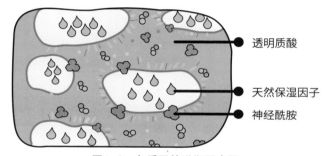

透明质酸

天然保湿因子

神经酰胺

图1-6　角质层的滋润要素图

透明质酸在人类皮肤中天然存在，含量虽少，但有强大的保水作用，可结合自身重量400倍以上的水，所以在抗皱、抗老化方面具有重要意义。

①透明质酸可结合大量的水分，在皮肤中发挥重要作用。小分子透明质酸可以透过表皮层促进表皮细胞分化，清除表皮层内的氧自由基，促进受伤部位再生或者修复皮肤的屏障功能。

②一般护肤品中也会添加透明质酸，可以在表皮形成水化膜，加强皮肤角质层的屏障功能和吸水能力，缓解或防止皮肤干燥。

③透明质酸在缓解皮肤老化的过程中也发挥着重要作用，如果长期照射紫外线会使皮肤中的透明质酸含量降低，使皮肤干燥、脱屑、松弛。

④随着年龄的增长，皮肤中透明质酸的含量会减少。

天然保湿因子（NMF）由氨基酸和保湿剂等组成，是水溶性物质的混合物，只存在于角质层。它不仅可以为皮肤补水保湿，还能起到防御作用，有助于皮肤形成保护屏障，使有害微生物无法穿透皮肤。

其中，乳酸在NMF中占比12%，保湿功能良好，具有修复皮肤屏障的作用，它的保湿能力优于甘油，且成分稳定，不易与水相溶，是比较理想的保湿剂，在护肤品中应用浓度上限约为5%；尿素在NMF中占比7%，保湿功能良好，具有助透性。例如，使用尿素含量为10%的软膏，可以很好地修复表皮屏障，常用于治疗手部粗糙、干裂等；吡咯烷酮羧酸钠在NMF中占比12%，保湿功能优于甘油，肤感不黏腻，具有保湿性、安全性、渗透性和水溶性，在护肤品中的应用浓度约为2%。NMF的运转原理是将空气中的水吸入皮肤，保持皮肤水分充足。当NMF接触到其他水时，便很容易丢失。经常做饭、洗手，手部皮肤就会由于不停地接触水变得干燥。

当皮肤受到外界过度刺激，如过度清洁、长时间的紫外线照射等，会导致NMF产量下降，并且NMF会随着年龄的增长而减少，所以皮肤老化会伴随着干燥、暗沉的皮肤症状。

目前来说没有有效的办法刺激皮肤生成更多的天然保湿因子，只能通过外用氨基酸、甘油等与NMF具有相同作用的物质，让皮肤保持水润，或者补充存在于细胞间隙的神经酰胺，可以有效地缓解干燥、增强皮肤屏障。

神经酰胺是细胞间脂质的重要组成部分，兼备亲水性和亲脂性，它能够为皮肤补充水分、改善肌肤粗糙，将刺激物阻挡在外，并且通过在角质层中形成网状结构防止水分丢失。当神经酰胺含量下降时，就易造成湿疹或敏感性皮肤问题。所以当皮肤敏感时，使用添加神经酰胺的护肤品能有效抑制有害物质入侵皮肤所引发皮肤的不良反应。

随着年龄的增长，皮肤中的神经酰胺也会流失。除此之外，不良生活习惯，如熬夜、抽烟及面部暴晒等，都会造成神经酰胺的合成能力下降。值得一提的是，如果你钟爱用热水洗脸，最好戒掉这个习惯，经常用超过 37℃的热水洗脸会导致面部油脂过分溶解和神经酰胺加速流失，造成皮肤干燥式出油。

因为神经酰胺存在于皮肤最外层的角质层中，所以我们可以通过涂抹含有神经酰胺成分的产品直接补充神经酰胺。相对于只添加脂质类成分的护肤品而言，添加神经酰胺的护肤品保湿效果会更持久显著。

✿ 有棘层的屏障作用

棘细胞具有分裂的功能，能够对受伤表皮进行修复、抵御紫外线并且吸收波长在 320~400nm 的长波紫外线。

✿ 基底层的屏障作用

基底层是表皮的最底层，一般新生细胞都是从基底层生成并逐渐向上推进，基底层是维持皮肤健康的基础，也是修护受损表皮细胞最为重要的一环。黑色素细胞就存在于基底层，黑色素细胞经紫外线照射继而合成黑素颗粒，黑素颗粒可以吸收长波紫外线（UVA），是抵御紫外线的重要物质基础。黑素颗粒被传输到角质形成的细胞中，使得皮肤对紫外线的屏障作用明显增强（详见第四篇第九章第一节"去黑"）。

✿ 皮脂膜的屏障作用

皮脂膜是皮脂腺分泌物和汗液形成的附着于人体上的天然保护膜，是皮肤屏障结构的最外层"保护壳"。皮脂膜能够帮助皮肤表面形成弱酸性环境，抑制皮肤表面微生物的增长。皮脂膜中的脂质可以锁住水分，阻止真皮层内的营养物质、保湿因子、水分等流失，但过度清洁或不当的护理方式会破坏皮肤的皮脂膜，造成皮肤干燥或瘙痒。

✿ 透明层和颗粒层的屏障作用

透明层和颗粒层中的成分构成一个防水屏障，能够让水分不从体外渗入，也阻止角质层下的水分向角质层渗透。

✿ 真皮层的屏障作用

真皮层的胶原纤维、弹力纤维和网状纤维，主要的作用是制造皮肤的张力和弹力的纤维质。弹力纤维是皮肤中含量最为丰富的蛋白质，用于维持皮肤的弹性和顺应性，皮肤皱纹即在此层产生。基质主要成分是透明质酸，主要功能是为皮肤提供营养，支持并连接纤维，还起到保湿作用。真皮层的三大纤维一定要护理好，如果皮肤胶原纤维内的胶原蛋白流失，会造成网状纤维断裂，从而导致皮肤松弛、无弹性、长皱纹。

○─ 屏障受损

稳定的角质层屏障功能对于皮肤健康、美观都有直接的影响。除了年龄、遗传和外界环境刺激等因素，过度清洁、紫外线照射、护理不当等都会导致屏障受损。屏障受损的核心在于角质层的屏障功能受损，严重时皮肤会出现细小裂纹，使皮肤产生瘙痒感，还会出现干燥、起皮、脱屑、粗糙等症状。屏障受损时，皮肤更易受到外界微生物，如细菌等的侵害，导致痘痘反复甚至加重、敏感泛红。

除此之外，摒除一些客观因素，日常护理不当，如过度清洁、过度摩擦、过度刷酸也是皮肤屏障受损的主要问题之一。在屏障已经受损的情况下，使用不适合自己的护肤品，或没有掌握正确的护理方法，会导致皮肤受到二次伤害，加剧皮肤受损程度。此时单纯补水只能为角质层暂时补充水分，水分蒸发之后，皮肤很快就会恢复干燥，甚至变得比之前更干燥，而保湿产品可以很好地改善皮肤的干燥状态。因为好的保湿产品不仅能为皮肤补充水分，还能补充角质细胞间的脂质成分，如神经酰胺脂，它可以恢复和维持角质层的屏障功能。另外，外用橄榄油和甘油等，可以为皮肤覆盖一层厚膜，在封闭的情况下，能使角质层的水合程度增加，也能加速角质层屏障功能的恢复。图1-7所示为正常皮肤与屏障受损皮肤受到外界刺激时的对比。

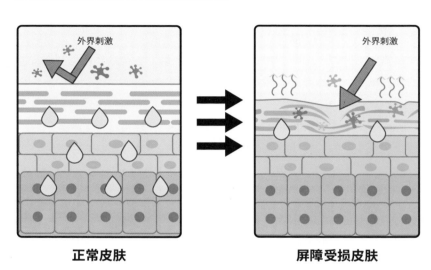

图1-7　正常皮肤与屏障受损皮肤的对比

✿ **屏障受损的各个阶段**

（1）初期症状：皮肤紧绷、脱皮、表面有皮屑

皮肤屏障出现问题的初期症状是皮肤干燥，洗脸后如果感到皮肤紧绷并脱皮，说明此时皮脂分泌量和皮肤的保水能力已经下降了，需要加强保湿，给予皮肤足够的油分和水分，改善干燥，加强皮肤屏障（详见第四篇第五章"紧绷、脱皮等干性皮肤常见问题及对策"）。

（2）中期症状：局部皮肤泛红、发痒

当皮肤状况进一步下降时，新陈代谢也会变快，角质层中排列着没有完全成熟的细胞，皮肤无法抵御外界的刺激，局部皮肤会变得敏感。此时为了减少皮肤水分流失，可以使用保湿型洁面产品，并用含有凡士林等成分的产品强化皮脂膜。同时，减少清洁的频率，避免皮肤受到刺激（详见第四篇第八章"过敏、刺痛等敏感性皮肤常见问题及对策"）。

（3）重度症状：使用护肤品时感到刺痛；泛红、发痒症状明显

当采用中期的护肤方法也无法改善皮肤状态时，说明皮肤已经脆弱到极点，依靠皮肤自身的修复能力已经无法恢复皮肤屏障，应及时前往就医。

✿ 如何提升屏障功能

想要维持屏障功能，保湿步骤必不可少。皮肤保湿可以分为三项。第一项是补充水分，在皮肤表面涂抹大量的化妆水；第二项是补充细胞间脂质，选择含有神经酰胺、透明质酸等成分的护肤品；第三项是补充油分，皮脂的分泌量会随着年龄的增长而减少，如果皮肤没有足够的油分覆盖，会导致皮肤水分蒸发，而皮肤则会分泌过多的油脂来减少水分蒸发，导致皮肤变成油性或者混合性肤质，只有通过保湿护理调节皮肤的水油平衡，才能让皮肤变得更健康（详见第二篇第三章第二节"护肤品的成分"）。

二　吸收功能

人体皮肤具有吸收外界物质的能力。

○━ 皮肤吸收的主要途径

皮肤通过角质层、毛囊、皮脂腺及汗管口四个途径吸收外界物质，皮肤最主要的吸收途径是角质层，物质可以通过角质层的"砖墙结构"

（见图 1-8）慢慢向下渗透；部分物质会渗透到皮肤中去，水分在一定条件下可以自由进入细胞内，所以从皮肤结构上说，大部分成分只是停留在皮肤的角质层起到保湿和防护的作用。

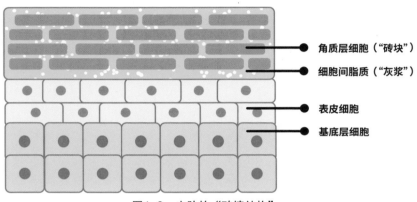

角质层细胞（"砖块"）

细胞间脂质（"灰浆"）

表皮细胞

基底层细胞

图1-8　皮肤的"砖墙结构"

皮肤对于护肤品中的化学物质的吸收率主要取决于化学物质在皮肤中的溶解度。在角质层中，脂溶性物质更易被吸收；在真皮层中，化学物质的经皮吸收率和扩散速度由水溶性决定；所以化学物质想要更好地被吸收必须兼备脂溶性和水溶性。

皮肤吸收还受其他因素的影响。如果皮肤有受损的情况，受损的部位吸收力会更强；皮肤酸碱平衡被破坏造成的屏障受损也会促进物质吸收；潮湿也会促进气态物质的吸收。

○—皮肤对几种重要物质的吸收

水分、电解质、脂溶性物质、有机盐基类、油脂、气体都可以被皮肤吸收。

其中，水分是指皮肤角质层内的水分含量。含水量处于正常水平时，皮肤保持在滋润的状态。皮肤角质层含水量为 10%~20%，但完整的皮肤只吸收少量的水分，以保证人体内的水分正常；脂溶性物质可以被皮肤大量吸收，例如维生素 A、维生素 D、维生素 K 等在水中都能溶解的物质。凡是在脂和水中都能溶解的物质，皮肤吸收最好，而单纯的水溶性物质，如维生素 B、蔗糖、葡萄糖、维生素 C 较难被吸收。所以想要达到更好的护肤效果，要优先选择脂溶性成分的产品；油脂（动植物性和矿物性油脂）很少被角质层吸收，大部分都是经过毛囊皮脂腺渗入皮肤内部的。

影响皮肤吸收作用的因素

影响皮肤吸收的主要因素是角质层的水合作用，水合作用是指给皮肤的角质层补充水分使皮肤湿化，简单地说就是皮肤接触水后能够改变皮肤的结构。水合作用可以使角质层的含水量增加 10% ~ 50%，显著提高物质的渗入性，达到促进物质透皮吸收的目的。

皮肤的水合作用

皮肤角质层水合程度越高，皮肤的吸收能力就越强。低于 37℃的温水敷面可有效补充角质层的含水量，增加皮肤的渗透能力以及吸收能力。用塑料薄膜封包，阻止局部水分的蒸发从而提高角质层的水合程度，可以有效提高皮肤吸收性。

吸收物质浓度与质地

从吸收程度上来说，一般而言物质的浓度与皮肤的吸收率成正比。皮肤对脂溶性物质的吸收能力较强，所以护肤品可以借助乳化等手段使皮肤吸收更多的营养物质。

✿ 面部不同部位

不同的部位角质层的厚度不同，对外界营养物质的吸收能力也不同，一般来说面部鼻翼两侧吸收能力最强，两侧面颊吸收能力最差，其他部位吸收能力一般。想要提高皮肤的吸收能力，在做皮肤护理时可以采用脱屑的方法使角质层变薄，也就是我们常说的"去角质"。

✿ 温度

当外界温度升高时，血液循环加速，皮肤吸收能力也会增强。所以通常夏天的皮肤吸收能力会略好于冬天，通过热敷或者按摩提升皮肤温度促进后续护肤品的吸收也是一个好办法。我们使用的"捂压法"也是通过这个原理提高体表温度促进护肤品的吸收。

✿ 时长

亲水性和亲脂性的物质在皮肤吸收的过程中，可能会由于某种原因在角质层蓄积，在皮肤内形成物质的储存库，经过代谢再缓慢扩散，储库效应可能会影响物质透皮吸收。

虽然皮肤有四个途径吸收外界物质，即角质层、毛囊、皮脂腺及汗管口，但是在正常情况下，最主要的吸收途径依旧是角质层。角质层主要吸收脂溶性物质，水分子仅在特定条件下可以自由通过。如果一种护肤品成分能够真正作用于皮肤，它就必须首先能够渗透并且适合你的皮肤。皮肤吸收的剂量与护肤品中成分的浓度、用量、涂抹面积、使用频次甚至使用顺序，以及在皮肤上的停留时间密切相关（详见第一篇第二章第二节"皮肤衰老的外因三大杀手"）。为了防止营养物质迅速蒸发，可以选择在护肤品中添加蒸发比较缓慢的溶剂（乙二醇），或者使用专业手法，例如"捂压法"进行护肤，不仅可以提高皮肤的渗透力，还能提升活性成分的吸收率。

三　其他功能

体温调节功能

当外界温度变低，人体减少排汗，维持体温稳定；当外界温度升高，皮肤血管扩张，加速热量散失。出汗也会散热带走部分热量。

感觉应答功能

皮肤对外界的刺激产生神经反应，从而对人体起到保护作用。其中感觉包括痛觉、痒觉、触觉、冷觉、温觉、压觉。

免疫功能

皮肤中含有多种免疫细胞，具有非常重要的免疫作用。

分泌排泄功能

汗腺和皮脂腺是皮肤分泌和排泄的主要器官，对于调节人体温度、皮肤保湿、调节皮肤 pH 酸碱度有重要作用。

第三节　皮肤美学与健康

　　皮肤标志着人的健康和美丽，光滑又有弹性的皮肤人人追逐且想拥有，但是皮肤衰老是一种不可违抗的自然规律，虽然我们不能阻止皮肤的老化，但可以通过使用护肤品帮助皮肤延缓衰老。

　　我们可以通过皮肤的光泽度、细腻度、滋润度、弹性程度和反应性这些基本特征来判断皮肤是否健康，"白细嫩弹滑"是理想皮肤的5要素。皮肤含水量适当、水油平衡，柔软细腻、平整光滑、充满弹性、没有皮肤病，符合以上标准就可以称得上是健康且美观的理想皮肤。

一　皮肤美学及基本特征

○─ 皮肤白

　　正所谓"一白遮三丑"，"白"可谓是很多人对美的追求，是理想皮肤5要素的首位。那么，肤色是否可以改变？后文相关章节将进一步展开介绍（详见第四篇第九章第一节"去黑"）。

　　皮肤的颜色主要由黑色素决定，黑色素的多少主要受遗传、紫外线等因素影响，在遗传因素已经不可改变的情况下，想要皮肤白首先要阻断紫外线等外界刺激，其次是使用美白类的产品分解黑色素，以"努力变白"和"避免变黑"。

○─ 皮肤细

理想皮肤 5 要素的第二个要素是皮肤细腻。皮肤的细腻程度主要由两个因素决定：毛孔大小和皮肤纹理。正常毛孔直径大概在 0.02~0.05 毫米，全脸大约存在 2 万多个毛孔。青春期皮脂分泌过度、皮肤代谢不畅导致毛孔堵塞，是毛孔粗大较为常见的原因；季节、温度及精神压力等各种因素，也会导致皮脂分泌过旺进而引发毛孔变大，影响皮肤细腻。当真皮胶原纤维和弹力纤维组织发生变性断裂就会引起皮肤纹理的加深，如光老化就对皮肤的细腻程度有一定影响。健康的皮肤毛孔小、肤感细腻，这种皮肤能给人带来视觉上的美感。

○─ 皮肤嫩

理想皮肤 5 要素的第三个要素是皮肤软嫩。皮肤软嫩主要由皮肤的湿润度、氧化度和糖化度决定。角质层水分比较充足时角质层就像海绵一样柔软而嫩，角质层含水量低的时候，皮肤会像"瓦片"一样发硬，不够软嫩；氧化度对皮肤也有影响，当皮肤氧化度较高时，皮肤就会发黄、晦暗、没有光泽，人看上去比较"老"；糖化是影响皮肤嫩的第三个因素，当皮肤糖化度高时，糖化产物 AGEs 影响皮肤的柔软度，让皮肤肤感较硬，显得皮肤不够嫩。所以，想要获得较嫩的皮肤，就要做好补水、保湿、抗氧化、抗糖化。

○─ 皮肤弹

理想皮肤 5 要素的第四个要素是皮肤弹性好。皮肤的弹性主要由皮肤中的胶原蛋白含量决定。胶原蛋白韧性大，抗拉力强，能维持皮肤的张力，令皮肤丰盈、饱满、充满弹性。随着年龄的增长，成年人皮肤中的胶原蛋白含量以大约每年 1% 的速度递减，所以皮肤的弹性也会逐年下降。想要保持皮肤的弹性，可以通过外用果酸、视黄醇、维生素 C 衍生物等刺激胶原蛋白的合成。

皮肤滑

理想皮肤 5 要素的第五个就是皮肤滑。皮肤滑是由两个因素决定的，皮肤平整细腻和含水充足。毛孔细小、没有细纹构成了平整细腻的皮肤，在这基础上，含水量充足，角质层就会饱满光滑，二者兼具就可以呈现出光滑的皮肤状态。

二　皮肤本命年及3年护肤对策

人在出生后，随着年龄的增长，皮肤也会逐渐成熟并衰老，女性这几个阶段表现出相对明显的特征，为了便于理解，我们概括成皮肤本命年，分别约为 14 岁、21 岁、28 岁、35 岁、42 岁、49 岁、56 岁，在这几年皮肤会有相对明显的变化，例如，14 岁时，皮肤进入易长青春痘的时期，21 岁时，皮肤达到"人生顶峰"，含水量、胶原蛋白、光滑度、弹性都是最好的时候，真正出现相对"白、细、嫩、弹、滑"的理想皮肤状态。具体的皮肤本命年及 3 年护肤对策如下。

♥　14 岁（青春肌）

常见问题：青春痘、毛孔堵塞、黑头。

3 年对策：14 岁开始，早晚使用控油精华、祛痘精华；不需要使用眼霜；早晚使用保湿面霜。

♥　21 岁（妙龄肌）

常见问题：无常见问题。

3 年对策：21 岁开始，早晚使用保湿精华；不需要使用眼霜；早晚使用保湿面霜。

♥ 28 岁（轻熟肌）

常见问题：干燥、渐黄、细纹、晒斑。

3 年对策：约 25 岁开始，早：保湿精华；晚：抗氧化精华。早：保湿眼精华；晚：抗氧化眼霜。早：保湿面霜；晚：美白面霜。

♥ 35 岁（熟龄肌）

常见问题：干燥、色斑、暗沉、粗糙、毛孔粗大、鱼尾纹、黄褐斑。

3 年对策：约 32 岁开始，早：保湿精华 / 抗氧化精华；晚：美白精华 / 淡斑精华。早：滋润眼霜 / 抗氧化眼霜；晚：紧致眼霜。早：保湿面霜；晚：修护面霜 / 美白面霜 / 抗初老面霜。

♥ 42 岁（中年肌）

常见问题：干燥、皱纹、松弛、色斑、黑眼圈（真性）、法令纹。

3 年对策：约 39 岁开始，早：保湿精华 / 抗氧化精华；晚：淡斑精华 / 美白精华 / 抗衰老精华。早：滋润眼霜 / 抗氧化眼霜；晚：修护眼霜 / 去黑眼圈眼霜 / 抗松弛眼霜。早：保湿面霜；晚：修护面霜 / 美白面霜 / 抗皱面霜。

♥ 49 岁（更年肌）

常见问题：干瘪、皱纹、眼袋（真性）、角质层薄。

3 年对策：约 46 岁开始，早：保湿精华；晚：抗皱精华 / 淡斑精华。早：滋润眼霜 / 抗氧化眼霜；晚：修护眼霜 / 抗皱眼霜 / 祛眼袋眼霜。早：保湿面霜；晚：修护面霜 / 美白面霜 / 抗皱面霜 / 抗松弛面霜。

♥ 56 岁（老龄肌）

常见问题：干瘪、下垂、老年斑、皮肤干痒。

3 年对策：约 53 岁开始，早：保湿精华；晚：抗皱精华 / 保湿精华。早：滋润眼霜 / 抗氧化眼霜；晚：抗皱眼霜 / 祛眼袋眼霜。早：保湿面霜；晚：美白面霜 / 抗皱面霜 / 抗松弛面霜。

第四节　皮肤的四种类型（肤质）和三个等级（肤况）

可能大部分人认为自己清楚自己的肤质，且坚信自己的判断是对的，但是根据我们的经验，约有 60% 的人会判断错自己的肤质。

为什么呢？因为肤质并非是一成不变的，它会随着年龄、环境及护肤方法的改变而产生变化。但很多人认为：我一直都是干性皮肤，以前是，未来也是。这种概念实际上是错误的，举个例子，每个人都会有青春期，75% 的人会长青春痘，那时候很多人认为自己是油性皮肤，实际上只有 30% 的人才是真正的油性皮肤，大部分人只是在青春期短暂地度过了一段"油皮时光"。

一　干性皮肤（肤质）

干性皮肤的特点是紧绷、不够平滑、皮肤整体柔韧性欠佳，但毛孔不明显。由于皮肤的保水能力较差，水分蒸发速度较快，皮肤没有足够的水分，看起来没有光泽感，已经死亡的角质细胞脱落变慢在脸上堆积导致皮肤变厚，看起来不够光滑。油脂的分泌量少，皮肤易干燥，产生紧绷感，该肤质易老化起皱纹，尤其是在眼部周围、嘴角等处。

如果是干性皮肤，那么在洗脸的时候或者是涂抹护肤品的时候，会有轻微的刺痛感，但是没有明显的症状，这是由于皮脂量和水分含量显著下降后引起的屏障功能下降，此时皮肤无法屏蔽外界刺激，不仅会感到疼痛，内部的水分也在不断流失，所以干性皮肤护理最重要的是补水和保湿。

○─ 判定标准

出现以下症状达到或超过 2 条，即可判定为干性皮肤。

- ♥ 易长斑。
- ♥ 易长皱纹。
- ♥ 洗完脸常感到紧绷。
- ♥ 底妆易卡粉，妆面不均匀。
- ♥ 受到外界刺激，易出现潮红。
- ♥ 肤色暗沉，缺乏光泽。
- ♥ 皮肤油脂分泌少，脸上很少有油光，易干燥起皮。

○─ 肤质分级（肤况）

干型：洁面 30 分钟内，两颊感到紧绷。

超干型：洁面 5 分钟内，两颊感到紧绷。

备注：洁面后未涂抹产品的情况下。

二 油性皮肤（肤质）

油性皮肤的特点是皮肤油脂分泌过多，皮肤表面油腻，所以油性皮肤看起来总是泛着油光。皮肤油脂由皮脂腺分泌，油性皮肤的光泽度高，也不易长皱纹，但由于清洁不到位或各种原因易导致皮脂堆积，易长痤疮。

很多人认为油性皮肤不需要保湿，这实际上是个错误观念。皮脂有很好的滋润皮肤的功效，而阻止皮肤水分蒸发的是脂质屏障，简言之，皮肤出油和皮肤保水是两个不同的路径，皮肤分泌出的油脂并不会将水分锁在皮肤里。对于皮脂量充足的油性皮肤来说，保持皮肤清洁，去除多余皮脂和补充皮肤水分，调节水油平衡是主要护理手段。

判定标准

出现以下症状达到或超过 2 条，即可判定为油性皮肤。

- 易出油脱妆。
- 易长粉刺。
- 出油严重，特别是 T 区。
- 毛孔粗大，黑头多，特别是 T 区。
- 肤色暗沉且不均，T 区、唇周偏暗黄，两颊相对偏浅。

肤质分级（肤况）

油型：洁面 30 分钟内，额头出油。

超油型：洁面 10 分钟内，额头出油。

油痘型：全脸超过 5 个痘痘。

三 混合性皮肤（肤质）

混合性皮肤兼备油性皮肤和干性皮肤的特征。一般是指面部 T 区为油性，两颊为干性或中性。混合性皮肤 pH 值偏碱性，容易滋生细菌，导致皮肤出现痤疮及黑头。

混合性皮肤有的部位出油，有的部位又很干燥。如果护理不当，会导致皮肤转化为油性或者是干性肤质。大部分人在 30 岁之后，受激素的影响，会逐渐变成混合性皮肤。

⌾─ 判定标准

出现以下症状达到或超过 2 条，即可判定为混合性皮肤。

♥　面部 T 区呈油性，其他部位呈干性（同时具有油性皮肤和干性皮肤的特征）。

♥　肤色不均，T 区和唇周肤色比两颊深。

♥　额头、鼻子、下巴易长粉刺、痘痘。

♥　两颊部位油脂分泌少，皮肤干燥，甚至起皮。

♥　毛孔在出油的部位比较明显。

♥　皮肤油脂分泌不均，有时觉得干有时觉得油。

⌾─ 肤质分级（肤况）

混合型：洁面 20 分钟内，两颊紧绷且 T 区出油。

混合偏油型：全脸超过 3 个痘痘，T 区毛孔粗大，两颊微油。

混合偏干型：洁面 10 分钟内，额头出油，两颊略紧绷。

四　敏感性皮肤（肤质）

敏感性皮肤是一种高度不耐受的皮肤类型，很容易对护肤品产生不良反应。皮肤遇冷或遇热、护肤品不合适、酒精及药物等刺激时会出现红疹、丘疹、毛细血管扩张，并伴有瘙痒、刺痛、灼伤等症状，对普通护肤品耐受性较差。

敏感性皮肤主要是由于各种因素引发皮肤敏感，例如，生活方式、环境，或是个人身体情况，又或者是不当的护理方式导致皮肤的屏障功能受损，无法抵抗外界物质的入侵，皮肤长期处于一种炎症状态，对外界刺激做出不良的反应。因为不同皮肤敏感的发生机理不尽相同，很多时候专业人士也很难判断皮肤敏感的根源。

很多人的皮肤敏感是因为使用了不当的护理方式，导致皮肤屏障功能暂时性变弱，让皮肤处于敏感状态，所以这实际上是"后天敏感性皮肤"。

判定标准

出现以下症状达到或超过 2 条，即可判定为敏感性皮肤。

- ♥ 冬天进空调房皮肤容易泛红。
- ♥ 夏天进空调屋脸部皮肤比身体皮肤先感觉到凉。
- ♥ 皮肤遇热易泛红发烫。
- ♥ 洗完脸很快有紧绷感。
- ♥ 皮肤易出现刺痛、痒、脱皮等现象。
- ♥ 换季时，皮肤容易长小疹子。
- ♥ 角质层比较薄；脸颊泛红或有红血丝。
- ♥ 脸颊容易发生不明原因的泛红发热。

肤况分级（肤况）

敏感型：经常容易红、痒。

红血丝型：肉眼可看到红血丝。

第五节　不同性别和年龄的皮肤护理

性别与年龄因素是影响肤质、肤况的两个重要因素，由于激素和生命周期的递进与更迭，人的皮肤会出现不同的问题，下面将从性别与年龄两个角度，阐述不同阶段的皮肤生理特点以及相应的皮肤护理方案。

一　不同性别的皮肤护理

男性和女性皮肤的生理特点

男性和女性皮肤的组织结构没有本质差别，但是受雄性激素和雌性激素的影响，皮肤会呈现不同的生理特点：

♥　男性皮肤中的皮脂腺比女性更发达，所以油脂分泌量更多。

♥　男性皮肤角质层更厚，屏障功能更强，而女性角质层偏薄，所以敏感肌多发于女性。

♥　女性皮肤中的黑色素细胞含量较少，由于黑色素细胞具有光保护功能，所以女性皮肤更容易受到紫外线的伤害，产生色斑，女性更要做好防晒。

♥　女性皮肤容易受到生理性激素的刺激，情绪激动时更容易脸红，生理期还会爆痘、长皮疹等。

♥　男性皮肤对雄性激素更敏感，所以青春期的男生更容易长痤疮。

♥　男性皮肤角质层比女性厚，皮肤衰老痕迹出现的比女性晚。

女性皮肤护理

清洁：建议使用矿物质较少的软水，采用低于 37℃ 的温水进行冲洗。选择弱酸性或中性的温和洁面产品，忌用碱性、含皂基的强力洁面。

保湿：使用滋润效果比较好的水乳。不管是哪种皮肤类型，做好补水保湿是护肤的基础。

防晒：无论是春夏秋冬，还是晴天、阴雨天，紫外线都是存在的，所以外出一定要做好防晒；

抗衰老：女性皮肤油脂分泌较男生少，所以需要更早使用抗衰老的护肤品。

男性皮肤护理

清洁：日常清洁使用低于 37℃ 的温水洁面，更易打开毛孔带走油脂，此外，也要做好定期深层清洁，缓解油脂分泌，避免堵塞毛孔，降低痤疮等皮肤问题出现的频率。

保湿：使用比较清爽、有控油效果的护肤水和保湿乳，调节皮肤水油平衡，也能缓解出油严重的问题。

抗衰老：男性皮肤衰老虽然比女性晚，但特征比女性明显，男性也要做好防晒，预防光老化，在出现衰老迹象之前做好防御早衰的保养工作。

另外，不管是男性还是女性，都要注重作息和饮食规律，保持乐观的情绪，这也是皮肤健康气色好的小秘诀！

二　不同年龄的皮肤护理

从出生到老年，我们的皮肤会发生很大的变化，不同年龄的皮肤会表现出不同的生理特性，因此对不同的年龄段的皮肤都有不同的护理方式。

○━ 婴幼儿皮肤护理

婴幼儿的皮肤屏障功能尚未健全，因此婴幼儿皮肤护理的关键在于维持现有屏障的完整性，预防不当护理损害皮肤屏障。

○━ 青少年皮肤护理

青少年皮肤护理的关键在于加强皮肤的毛孔清洁、保湿、控油和防晒。进入青春期后，人的第二性征开始发育，皮脂腺分泌旺盛，可能会出现痤疮、粉刺、毛囊炎等皮肤问题。

青少年可尝试使用含有水杨酸成分的洁面产品，同时每日早晚各进行一次洁面。质地清爽的爽肤水适合偏油性的青少年使用，如果需要加强保湿，建议使用乳液或啫喱质地的产品。

○━ 中年人皮肤护理

中年人新陈代谢周期逐渐从 28 天延长至 40 天（详见第一篇第一章第一节中的基底层部分），表皮层中角质细胞脱落周期变长，皮肤内存在的天然保湿成分含量降低，导致皮肤保水功能不足，皮肤会变得逐渐干燥，额头、脸颊、眼周等部位开始产生皱纹，角质层变厚、变硬，脸上色素沉着形成斑点。

皮肤开始变薄，萎缩，伤口愈合速度缓慢。皮肤内胶原蛋白、弹力蛋白和透明质酸合成下降，皮肤弹性变差、皱纹开始逐渐增多，表皮水分流失增加，皮肤屏障功能下降。在怀孕期，由于色素细胞功能活跃，容易受到紫外线的刺激，形成色素沉着甚至大片的黄褐色斑；由于体重迅速增加，真皮胶原蛋白和弹性胶原蛋白迅速被拉扯而出现妊娠纹。

中年人皮肤护理关键在于为皮肤补充营养、定期进行皮肤护理并及时保湿，使用功效型护肤品，如抗氧化的精华。坚持使用防晒霜，外用维 A 酸、果酸等含有酸类成分的护肤品能够促进皮肤的新陈代谢，有效地预防并应对皮肤的光老化。

老年人皮肤护理

　　老年人的皮肤屏障功能随着年龄的增长逐渐变弱，皮脂腺与汗腺萎缩，皮脂分泌不足，皮肤缺水，偶发瘙痒的症状，可以使用强效保湿霜为皮肤补充水分与油脂。在洁面时应使用 37℃以下的温水，避免大力揉搓；在做好补水与保湿后，可以使用添加抗氧化成分或者功效型的面霜或其他护肤品，为皮肤补充营养，以对抗因老化或外界污染产生的自由基。

CARE

第二章
要不老，先防老

皮肤衰老的原因可以分为内源性因素和外源性因素，内源性因素又称为细胞老化，这是随着时间推移不可逆的过程，而外源因素有很多种，在这里我们将梳理导致皮肤衰老的内外三大杀手。自然衰老无法避免，但我们可以有针对性地进行精准护肤，延缓皮肤衰老。

第一节　皮肤衰老的内因三大杀手

除了自然衰老的生理因素，还有因个人不良习惯和不良生活方式等造成的衰老，我们将其归为"皮肤衰老的内因三大杀手"，分别是两化（氧化糖化）、两高（高糖高油）和熬夜。

一　内因三大杀手之一：两化

氧化

什么是皮肤氧化

当人体与外界接触时，外界污染、紫外线照射、空气污染、吸烟等都会刺激人体产生多余的活性氧自由基，这是人类衰老和患病的根源。活性氧的攻击会让细胞氧化，原本正常的运作就会变得缓慢，加速皮肤的老化，还会出现各种衰老信号。皮肤被氧化的重要特征就是脸色变黄，这就像切开的苹果在放置一段时间后被氧化一样。如果皮肤慢慢失去光泽，变得干燥甚至长出色斑，可能就是细胞被氧化了。

被氧化的皮肤可能会出现以下问题。

- ♥ 失去弹力
- ♥ 暗沉无光
- ♥ 产生皱纹

- 产生黑色素
- 肌肤衰老

✿ 为什么要抗氧化

抗氧化不是抵抗空气中的氧气，而是要对抗多余的活性氧自由基；抗氧化也不等同于抗衰老，这是皮肤综合抗老中相对基础的一环。抗氧化的意义在于消除多余的活性氧自由基，保护皮肤细胞不被自由基侵害，延长细胞寿命。从长远来看，坚持不懈的抗氧化就是在帮助皮肤延缓衰老。

✿ 影响皮肤氧化的环境因素

（1）紫外线

当皮肤暴露在日光下时，会对光照做出反应。日常人们谈及日光辐射时，关注的重点都是紫外线，因为紫外线对皮肤健康的威胁最大。紫外线波长划分的方法有很多种，应用最广泛的分类为：长波紫外线（UVA，320~400纳米）；中波紫外线（UVB，280~320纳米）；短波紫外线（UVC，100~280纳米），如下页图2-1所示。

日光中不同的光线对皮肤有不同的作用，日光是一把双刃剑，如UVB可以帮助人体合成维生素D，但是UVB容易导致皮肤晒红晒伤。能到达地面并且对皮肤造成损伤的紫外线主要是UVA和UVB，UVC大部分会被臭氧层吸收，无法到达地表。此外，紫外线会引起DNA损伤，使抑氧基因失活，易引发皮肤癌。因此，了解日光辐射也是做好光防护的重要前提。

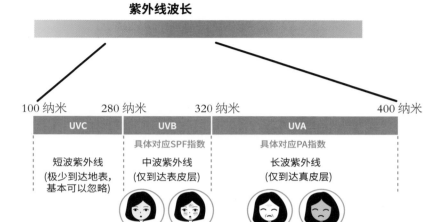

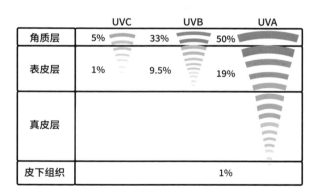

图2-1　紫外线光谱

（2）空气污染

空气中通常混杂着汽车尾气、尘埃、悬浮颗粒等。悬浮颗粒物会堆积附着在皮肤表面使得肤色暗沉无光泽。特别是对于皮肤比较敏感的人来说，可能会诱发皮肤炎症反应，增加皮肤敏感的发生率，出现皮肤发红，起脓包等问题。

（3）吸烟

在美国俄亥俄州凯斯西储大学，一项名为"吸烟对面容的改变"的研究表明，吸烟者比不吸烟者皱纹明显增多，会出现早衰症状。吸烟时会产生大量的活性氧，破坏人体内的抗氧化平衡，形成机体的氧化性损伤，造成 DNA 或是脂质的氧化改变，严重的还会导致胶原蛋白和弹性蛋白被分解，皮肤松弛，皱纹增多，加快皮肤老化。

因此，不管是主动吸烟还是被动吸二手烟，戒烟或远离二手烟都是延缓皮肤衰老有效的对策。同时，也可以通过内服含维生素 C 和维生素 E 等抗氧化的食品，外用抗衰老的护肤品，缓解因香烟引起的皮肤老化。

（4）油烟

高温油烟会吸附在皮肤表面，如果不能及时清洗或者清洗不到位，这些油烟会持续对皮肤产生刺激作用，堵塞毛孔，严重的敏感肌和痘痘肌皮肤会发红发痒，爆痘情况加重。长此以往，毛孔会变得粗大，皮肤看起来也很粗糙。

那么，如何缓解油烟对皮肤的伤害呢？我们可以在日常生活中使用隔离。隔离作为保护皮肤的护肤品，能起到保护膜的作用。

敏感肌和油痘肌护肤重点在于修护。清洁是第一步，做完饭要及时清理皮肤表面的油脂，避免堵塞毛孔；然后使用温和的、含有修护成分的护肤水给皮肤补充高温带走的水分；同时要避免使用厚重油腻的乳霜（详见第四篇第六章毛孔黑头等油皮常见问题及对策和第八章过敏刺痛等敏感皮肤常见问题及对策）。

✿ **抗氧化物质**

含有抗氧化物质的护肤品，在经过体表皮肤吸收后，可以帮助皮肤进行自我修复，延缓肌肤老化。皮肤本身的抗氧化能力会随着年龄增长而不断下降，一些护肤品牌的高端抗老型护肤品里会含有抗氧化物质。食用富含抗氧化成分的水果、蔬菜也可以帮助我们抵抗自由基。

（1）抗氧化成分

常见抗氧化成分有：天然虾青素、维生素 C、维生素 E、胡萝卜素、茶多酚、辅酶 Q10、植物活性硒、葡萄籽提取物、叶黄素、白藜芦醇、花青素等。

（2）抗氧化食物

常见抗氧化食物有：山竹、番茄、葡萄、坚果、花椰菜、蓝莓、大蒜、菠菜、燕麦、绿茶、海藻、柚子、黑枸杞、山楂、红葡萄酒、胡萝卜、黄豆、石榴、柠檬。

○━ 糖化

✿ 什么是糖化

糖化反应又称美拉德反应，是指在烹饪时由于食物中的还原糖和蛋白质发生反应，产生棕黑色的大分子物质，让食物变黑。人体血液中的葡萄糖和皮肤中的弹性蛋白、胶原蛋白接触后会发生糖化反应，产生大量"晚期糖基化终末产物"，又称 AGEs（见图 2-2），这种物质会攻击体内的蛋白质，降低其功能，并使皮肤出现衰老松弛、发黄、发硬、暗沉等症状。

✿ 为什么要抗糖化

抗糖有利于延缓肌肤衰老。人体摄入糖分过多时，多余的糖分无法被人体消耗，血液里的游离糖会与真皮层胶原蛋白发生糖化反应，导致皮肤糖化、发黄、变暗、弹性下降（发硬），而且糖基化过程具有不可逆性，蛋白质变性后，会转化成 AGEs，加速皮肤衰老。

但抗糖并不等于拒糖、限糖，糖作为供给人体营养的物质之一，是不可或缺的营养成分。主要是在日常生活中要减少对添加糖的摄入，对精加工制品，例如奶茶、蛋糕、饮料等的摄入量进行控制。根据最新版的《中国居民膳食指南（2022）》建议，成年人每天控制添加糖不得超过 50 克，最好控制在 25 克以下。避免 AGEs 累积，是延缓肌肤老化的有效办法。

✿ 糖化反应引发皮肤问题

- ♥ 肤色暗淡
- ♥ 痘痘频发
- ♥ 毛孔粗大
- ♥ 皮肤松垮
- ♥ 出现皱纹

✿ 抗糖化物质

（1）抗糖化成分

常见抗糖化成分有：蓝莓精华、维生素 C、山茶籽精华、肌肽、磷

图2-2　糖化反应原理

酸吡哆胺、黑莓提取物、矢车菊提取物、银杏叶提取物、维生素 B1、维生素 B6、卡拉胶、果香菊、金盏花提取物、洋甘菊提取物、圣约翰草花（叶、茎）提取物、欧洲小叶极花提取物、七叶树、大车前籽提取物、欧洲越橘提取物、红茶发酵产物、卡拉胶、鱼腥草和单子山橙、α-硫辛酸等。

（2）抗糖化食物

常见抗糖化食物有：绿茶、豆浆、葡萄酒、橄榄油、柠檬、醋、坚果、大豆等。

✿ 抗糖化护理法则

（1）使用抗糖化护肤品

使用含有肌肽、硫辛酸、氨基胍等成分的护肤品，可以抑制皮肤的糖化反应。

（2）做好抗氧化

一方面，糖化反应过程中，自由基也会参与其中，所以抗氧化可以帮助抗糖化。另一方面，被糖化的胶原蛋白失去了效用，而抗氧化可以促进新的胶原蛋白生成，改善被糖化的皮肤。

二 内因三大杀手之二：两高

○ 高糖高油食物分类

①高糖食物有蜂蜜、白糖、红糖、面粉、甘蔗、地瓜、大枣、甜菜及部分含糖量高的水果等。

②高油食物有奶油、肥肉等，重油烹调加工的中式炒菜含油量也较高。

③高糖高油食物有饼干、蛋糕、月饼、烧烤、炸鸡、比萨、薯条、油饼、油条、春卷、锅贴、烧卖等。

⚬━ 抗衰饮食法则

错误的饮食方法会阻碍我们养成健康的肌肤。我们的身体由大量细胞组成，体内细胞健康成长需要摄入营养，而营养又从每天的饮食中获得，所以以五大营养素为中心，每日均衡摄入饮食是保持健康皮肤的方法之一，高糖高油不可取，多余的能量不仅会转化为脂肪，影响整体美观，也会导致体内囤积大量 AGEs。

① 少吃高温烹制食物。食物一旦经过高温烹饪，AGEs 会继续上升，烤焦烧火的食物更要避免。

② 在满足身体正常摄入能量的同时，要减少糖类的摄入。包括一些主食，甚至根茎类的蔬菜及高糖水果。

③ 减糖小妙招：喜欢吃主食的人，可以通过摄入蔬菜膳食纤维来获得满足感。先吃蔬菜后吃主食，减少碳水摄入，盐和黑胡椒粉这类低糖调料可以正常食用。

三 内因三大杀手之三：熬夜

熬夜是导致皮肤氧化和糖化的主要原因之一。熬夜会加速衰老、加快人体各组织和器官的功能衰退，增加多种疾病的发病概率，也不利于疾病康复。皮肤细胞在晚上睡觉时再生，若睡眠不足，皮肤细胞再生放缓，导致皮肤干涩、松弛、缺水。

睡眠不足也会影响皮肤的修复和生长激素分泌水平。睡眠的不足，影响体内新陈代谢速度，日积月累会给细胞留下损伤，影响皮肤微血管畅通运行，产生色斑，皮肤变得粗糙。如果睡眠不规律，就无法正常分泌生长激素，所以每天保持 7 ~ 8 个小时的睡眠十分有必要。入睡前的环境也会影响睡眠质量，手机和计算机屏幕发出的蓝光具有兴奋神经的作用，会阻碍人进入睡眠状态。

第二节　皮肤衰老的外因三大杀手

相比内因三大杀手，外因三大杀手在皮肤衰老中占据更主要的位置。外因三大杀手主要跟我们的护肤观念有关。缺乏正确的护肤观念，导致我们出现错误的护肤主张和行为，"错失良机"或者"适得其反"，最终给皮肤带来巨大的损伤。外因三大杀手分别是紫外线、保湿不足、护肤不当（见图2-3）。

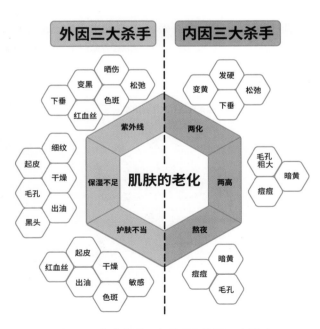

图2-3　皮肤内因三大杀手和外因三大杀手

一 外因三大杀手之一：紫外线

光照导致皮肤出现的慢性损伤，我们称之为皮肤光老化，其表现为皮肤干燥、发黄。皮肤老化仅有20%源于自然老化，剩下的80%源于光老化，几乎所有的皮肤问题都与光老化有关，并且紫外线对皮肤伤害并不是一次性的，也就是说每接受一次没有防护的日光照射，都会使我们的皮肤离衰老更近一步。

◦ 光对皮肤的影响

✿ UVA

UVA又叫长波紫外线，波长320~400纳米，它能透过表皮层，直达真皮层，使皮肤产生活性氧自由基（见图2-4）。而且它能穿透大部分的透明玻璃和塑料，造成皮肤晒黑、老化。

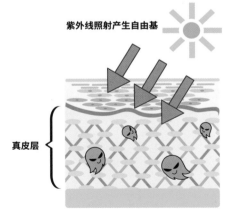

图2-4　自由基的产生

（1）晒黑

UVA会造成慢性损伤，促进色素沉着，导致皮肤黑化，出现光老化等。

（2）老化

UVA 会破坏胶原蛋白和弹性纤维等内部的结构，使皮肤变得松弛，产生皱纹，是皮肤老化的元凶。

✿ UVB

UVB 又叫中波紫外线，波长 280~320 纳米，可以穿透角质层，主要作用于表皮层。虽然波长短，但是能量更强。会造成皮肤红肿脱皮，导致晒伤。尽管 UVB 多被表皮吸收，但会促进体内炎症反应，导致光老化。

（1）晒伤

UVB 对皮肤的影响主要是直接损伤皮肤中的细胞，出现日晒伤细胞；诱导产生活性氧自由基，大面积的晒伤会导致表皮成片脱落，出现发红、水肿、水疱和疼痛的炎症表现。

（2）表皮异常增厚

皮肤为了抵御光损伤会采取一系列的防御措施，如表皮增厚，表皮过厚的皮肤看起来很粗糙，皮肤弹性也会有所下降。

如何预防和治疗光老化

人体自身具有光防护体系，可以反射约 5% 的 UVB 和约 20% 的 UVA，但是仅靠自身的防护预防光老化是远远不够的。通常来说，外用防晒剂和物理硬防晒是人工光防护的两大手段。使用抗氧化剂也有一定的预防光老化的作用。

✿ 外用防晒剂

防晒剂的种类

根据防晒剂的特性，可将其分为三大类：物理防晒剂、化学防晒剂和生物防晒剂。

①物理防晒剂

其原理是反射、散射紫外线，但不能选择性吸收紫外线，物理防晒剂对 UVA 和 UVB 都有广谱防护作用，以达到物理屏蔽的效果，其中广泛使用的防晒成分是二氧化钛和氧化锌。物理防晒剂的优势是安全不刺激，且具有良好的稳定性，缺点是比较厚重，在面部易发白，美观感较差。

②化学防晒剂

其原理是吸收紫外线后，将紫外线的能量转化为热能并且传递出来。常见的 UVB 吸收剂有氨基苯甲酸及其衍生物、肉桂酸酯类（吸收紫外线性能好，使用比较广泛）、水杨酸酯类（吸收率较低但是价格相对低廉）。

③生物防晒剂

其原理是通过抑制阳光照射，起到防晒作用。因为紫外线往往是通过产生自由基间接损害皮肤各层，所以氧化损伤后及时补充抗氧化剂，可以在很大程度上抑制紫外线对皮肤的伤害。

常用的生物防晒剂：抗氧化作用很强的维生素 C、辅酶 Q10、芦荟提取物、葡萄籽提取物、绿茶、植物提取物（如洋甘菊和甘草）等。

✿ 物理硬防晒

出门避开紫外线最强的时间段：上午 10 点到下午 4 点。无论是长时间还是短时间暴露在阳光下，都要进行防晒防护，衣帽、防晒伞、防晒面罩都是防晒护肤的常用物品。

✿ 抗氧化剂

（1）口服抗氧化剂

常见的成分包括维生素 C、维生素 E、胡萝卜素、番茄红素、绿茶、葡萄籽提取物等。

(2)外用抗氧化剂

抗氧化剂在预防光老化中有很重要的作用,很多抗氧化剂天然具有刺激胶原蛋白再生的功能,如维生素 C,对皱纹、皮肤粗糙、皮肤松弛及皮肤暗沉都有改善效果。其他常用的抗氧化剂有辅酶 Q10、维生素 A、维生素 E、胡萝卜素、番茄红素等,很多植物提取物也有很强的抗氧化活性,如葡萄籽、柠檬油、迷迭香提取物等。

防晒剂系数推荐

如何选择防晒剂如表 2-1 所示。

表 2-1 防晒剂系数推荐一览

季节	区域	建议使用防晒剂系数
春夏	高原地区室内	SPF > 30 PA++
	高原地区室外	SPF > 30 PA+++
	平原地区室内	SPF > 25 PA++
	平原地区室外	SPF > 30 PA++
秋冬	高原地区室内	SPF > 20 PA++
	高原地区室外	SPF > 20 PA++
	平原地区室内	SPF > 20 PA+
	平原地区室外	SPF > 20 PA+
全年	游泳、滑雪、海钓	SPF ⩾ 50 PA+++
	室外运动	SPF > 35 PA+++

二 外因三大杀手之二：保湿不足

基础保湿产品并不会带来奇效，但可靠的保湿步骤能够保护我们的皮肤屏障，提高皮肤的吸收能力。可以说，拥有良好的皮肤屏障功能是拥有好皮肤的"根"，根牢则叶茂，想要实现护肤品的最大价值，必须首先保持皮肤滋润。

○─ 缺水几乎是皮肤问题的万恶之源

一切皮肤问题追溯到根源，都可能是由不起眼的皮肤缺水问题演化而成的。角质层是我们皮肤的第一道防线，它紧紧守护着皮肤内的水分，并防止外界微生物入侵。我们对皮肤进行保湿护理，实际上是在护理我们的角质层。角质层作为一个"士兵"，需要足够的"水分"作为营养补给，这样它才能起到"保卫皮肤"的功能。

○─ 补水和保湿的区别

很多人容易将补水和保湿的概念混淆，实际上补水和保湿是不同的。举个例子，补水相当于向一个水池中加水，如果加水的同时下方的出水口没有被堵住，那么水池就存不住水。保湿实际上是将水池的出水口堵住，这样才能防止水的流失。

所以补水是从皮肤外面补"进"水分到皮肤内，保湿则是减少皮肤内部水分的流失，保证表皮层水分充足，足够湿润。

当皮肤屏障功能正常时，皮肤可以自发地调节水分的吸收与蒸发，不会让水分过度流失，但是随着年龄的增长或者护理不当，如过度清洁、过度刷酸等就会导致屏障受损，皮肤的保水能力下降，从而引发更多的肌肤问题，这就需要使用一些含有保湿成分的护肤水，补充水分，避免水分过度流失，这就是保湿（详见第二篇第三章第四节中的保湿部分）。

○━ 如何保湿

实现保湿的方式有两种，一种是利用水溶性物质使水分渗进角质层；另一种是利用油脂类成分（润肤剂）在角质层上形成一层保护膜，防止水分蒸发。

总结来说就是一句话：先补水，再保湿。判断保湿产品的好坏，有一个非常简单的方法，只需要在面部或身体上进行局部试用，皮肤给到的感受就是最好的答案。好的保湿产品可以让皮肤长时间感到湿润，光滑有弹性。保湿产品应该根据年龄、性别、皮肤类型等因素选择。另外，多喝水、保持均衡而充足的饮食平衡、保证足够的睡眠时间、注意防晒，都有助于皮肤的健康和美丽。

每日使用保湿产品仍觉得皮肤干燥时，可加强对皮肤的保湿措施，如每日使用保湿面膜。

三 外因三大杀手之三：护肤不当

○━ 想错

很多人对自己的肤质肤况一知半解，判断不出自己的实际皮肤状况，也不了解护肤的底层逻辑，就想当然地开始护肤，这就是"想错"。错误的认知与使用方法，更容易导致毛孔堵塞、皮肤干燥、色素沉积，甚至使皮肤松弛下垂，这也是产生皮肤问题的诱因之一。

○━ 选错

在不了解自己肤质或肤况的情况下，盲目相信网红或是他人推荐，选择了并不适合自己的产品，这就是"选错"。想要根据产品标签上的成分表选择产品，首先要了解成分，才能基本不选错，同时还要了解自己的肤质肤况，才能选对产品。

用错

很多人在使用护肤产品时，为了节省，使用得量往往不够，这种做法是不对的。护肤品还是需要足量使用才有效果。打个比方，去医院看病，医生开药叮嘱一日三次，一次三粒，你为了节省用量，实际只一日一次，一次一粒，效果当然不会明显。

用对的前提是了解护肤顺序，当你真正护肤时，总会碰到各种各样的问题。我们总结了关于护肤的七步法，后文将详细说明正确护肤的7个步骤。

在顺序对的前提下，还要了解如何做才能让吸收效果更好，结合我们的经验，这里总结了影响皮肤吸收效果的7大黄金法则，可以帮助你更高效地完成护肤。

①适合。法则第一条永远是适合，适合大于一切！每个人的皮肤都有自己的皮肤特点，当你知道自己是什么肤质，并且学会看懂成分表时，也就会选择适合自己的产品了。

②浓度。挑选护肤品时，注意添加的浓度用量，抛开浓度谈效果，是不负责任的。

③用量。首先需要明确一点，如果你一瓶精华用半年、一瓶水用一年，然后觉得护肤品用了没效果，那么一点都不意外，因为用量不够足。使用"复涂法"在皮肤容易干燥的部位，如鼻翼、脸颊多次复涂，一遍遍加强皮肤的水合作用，从而增强皮肤的吸收能力，促进后续护肤品的吸收。

4.温度。当外界温度升高时，血液循环加速，皮肤吸收能力也会增强。通常夏天的皮肤吸收能力会略好于冬天，我们创立的"捂压法"也是通过这个原理提高体表温度促进护肤品的吸收（见图 2-5），用温水洗脸也有助于吸收。

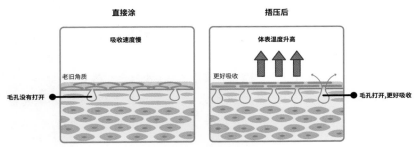

图2-5　使用揾压法前后的皮肤吸收对比

5. 顺序。顺序不对，产品浪费，顺序决定效果。

6. 时长。护肤产品驻留时间越长，吸收越强，所以乳、霜等长时间驻留的产品一定要用。

7. 湿度。角质层不会骗人，帮它补充水分，它就会协助你更好地完成吸收任务，5 个"黄金 30 秒"就是利用湿度达到事半功倍的护肤效果。水合度越高，皮肤吸收越好，前后效果可以相差 5~10 倍，所以用足水、复涂 3 次以上，充分水合能让护肤产生更好的效果。

精准护肤的"黄金 30 秒"是护肤步骤里的几个"吸收效果最佳"的时间窗口，一共有 5 个"黄金 30 秒"，在护肤过程中把握好 5 个"黄金 30 秒"可以起到事半功倍的效果。

第一个"黄金 30 秒"：洁面后擦干脸之后的 30 秒，这个时候刚洗完脸，皮肤表面还有些水分没有蒸发完，此时角质层的水分含量非常有利于后续的营养吸收，超过 30 秒，皮肤表面的水分蒸发会带走角质层的水分，角质层含水量下降，吸收效果下降。在这 30 秒内，赶紧给皮肤补充爽肤水，让角质层的水合作用最大化从而更好地软化角质层，以更好地吸收后续护肤步骤的营养，这与浇花之前先松土，使水分更容易进入土壤是一个道理。

第二个"黄金 30 秒"：补充完爽肤水后的 30 秒。同样的道理，经过水合作用，此时角质层水分含量最高，吸收效果最好，赶紧给皮肤补充精华液。

第三个"黄金 30 秒"：涂完精华后的 30 秒内涂眼霜。

第四个"黄金 30 秒"：涂完眼霜后的 30 秒内涂乳液。

第五个"黄金 30 秒"：涂完乳液后的 30 秒内涂面霜。

每两个步骤之间都是"黄金 30 秒"，一共有 5 个。防晒则不需要着急涂，只需在出门前 20 ~ 30 分钟涂，以保证其能够成膜即可。

第二篇

选对：
如何看懂并选对
适合自己的成分及功能

CARE

第三章
看懂成分，选择适合自己的护肤品

认识成分、了解成分、选对成分可以帮助我们选择适合自己的护肤品。本章节主要阐述的是成分表的基本解读方法、护肤品的常见功效成分、常见添加剂、护肤品的 8 种常见功能，并汇总了护肤品中常见的 100 种成分，帮助大家更好地选购护肤产品。

第一节　成分表的基本解读方法

这里随机以一款产品为例，解读其成分表（见图 3-1）。

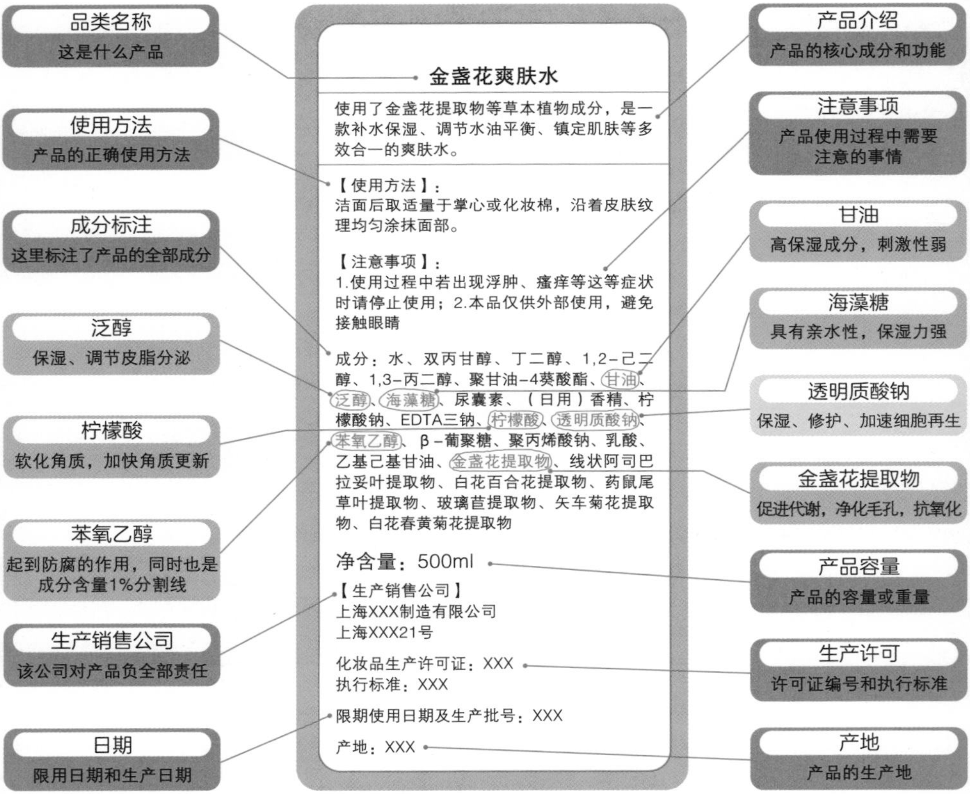

品类名称
这是什么产品

使用方法
产品的正确使用方法

成分标注
这里标注了产品的全部成分

泛醇
保湿、调节皮脂分泌

柠檬酸
软化角质，加快角质更新

苯氧乙醇
起到防腐的作用，同时也是成分含量1%分割线

生产销售公司
该公司对产品负全部责任

日期
限用日期和生产日期

金盏花爽肤水

使用了金盏花提取物等草本植物成分，是一款补水保湿、调节水油平衡、镇定肌肤等多效合一的爽肤水。

【使用方法】：
洁面后取适量于掌心或化妆棉，沿着皮肤纹理均匀涂抹面部。

【注意事项】：
1.使用过程中若出现浮肿、瘙痒等这等症状时请停止使用；2.本品仅供外部使用，避免接触眼睛

成分：水、双丙甘醇、丁二醇、1,2-己二醇、1,3-丙二醇、聚甘油-4葵酸酯、甘油、泛醇、海藻糖、尿囊素、（日用）香精、柠檬酸钠、EDTA三钠、甘油、柠檬酸、透明质酸钠、苯氧乙醇、β-葡聚糖、聚丙烯酸钠、乳酸、乙基己基甘油、金盏花提取物、线状阿司巴拉妥叶提取物、白花百合提取物、药鼠尾草叶提取物、玻璃苣提取物、矢车菊花提取物、白花春黄菊花提取物

净含量：500ml

【生产销售公司】
上海XXX制造有限公司
上海XXX21号

化妆品生产许可证：XXX
执行标准：XXX

限期使用日期及生产批号：XXX

产地：XXX

产品介绍
产品的核心成分和功能

注意事项
产品使用过程中需要注意的事情

甘油
高保湿成分，刺激性弱

海藻糖
具有亲水性，保湿力强

透明质酸钠
保湿、修护、加速细胞再生

金盏花提取物
促进代谢，净化毛孔，抗氧化

产品容量
产品的容量或重量

生产许可
许可证编号和执行标准

产地
产品的生产地

其余成分功能：

β-葡聚糖：补水保湿　　　乳酸：软化角质　　　线状阿司巴拉妥叶提取物：抗氧化　　　白花百合花提取物：抗氧化

药鼠尾草叶提取物：抗氧化　　　玻璃苣提取物：抗氧化　　　矢车菊花提取物：收敛毛孔　　　白花春黄菊花提取物：抗氧化

图 3-1　护肤品成分解读

在成分表中，成分的先后顺序并不是由其重要性决定的，很多成分虽然含量不高，却是产品发挥功效的重要因素。在一些精华产品中，功效成分的添加比例会达到 5%，甚至更高，比如抗坏血酸（维生素 C），在成分表上可能会排得比较靠前。但是有些成分即使排得很靠后也不代表产品不好，如视黄醇和柠檬酸在成分表上会排得比较靠后，因为这些成分只需要添加很低的比例，就可以起到很好的效果。

根据以上知识，我们可以判定图 3-1 这款产品的作用是补水、控油、保湿、收缩毛孔、调节水油平衡，长期使用可以软化角质、提亮肤色、改善肤色暗黄，它适合干性皮肤、油性皮肤和混合性皮肤使用。但是因为其含有乳酸，有一定的刺激性，所以不建议敏感性皮肤使用。

通过解读成分表，消费者可以对产品的成分有更深入的了解，可以有倾向性地选择功效相对突出、成分相对温和的产品。比如，敏感性皮肤的朋友可以通过查看成分表避开一些刺激性成分，准妈妈也可以选择对自己和宝宝更安全的产品。对产品在广告中宣传的功效，我们也可以通过查看成分表中的功效成分，来推断产品可能达到的效果。

✿ 1%分割线

按照法规要求，护肤品的成分必须依据各成分浓度高低进行顺位排序，当成分浓度低于 1% 的时候，可按任意顺序排列。所以大家会发现排在成分表第一位的成分通常是水，因为水作为重要溶剂，添加量往往是最高的，尤其是化妆水类的产品。有些成分（防腐剂等）的添加上限为 1%，根据这一条，我们可以大致判断产品中含量高于 1% 和低于 1%的成分有哪些。

第二节　护肤品的成分

　　护肤品的基础构成差别不大。通过表面活性剂将水分和油分混合，就得到了护肤品，在生产的过程中，还会加入防腐剂等添加剂。而护肤品之所以有那么多种类：卸妆油、洗面奶、水、乳液、面霜等，并不是因为其成分不同，而是水分、油分和表面活性剂的比例不同。

一　护肤品里有什么

　　护肤品是由水性成分、油性成分、表面活性剂这3种基础原料和其他功能性成分构成的，这3种成分也叫基质原料。不同的配比和浓度会产生不同形态的产品，如卸妆油、洗面奶、护肤水、乳液、面霜等。

　　也就是说，护肤品的形态与水油比例、表面活性剂的浓度有关，与成分无关。产品的状态不同，护肤效果也会有所差异。如洗面奶中的表面活性剂浓度较高，呈乳、霜或膏状，可以快速洗去；而护肤水中水性成分的比例高，油性成分的比例低，表面活性剂的浓度也低，就会呈现液态，其渗透性好，但是持久性差；精华中的活性成分较多，功能性强，渗透性好，但是持久性差；乳液是在水的基础上添加了一定的油性成分，所以能够兼顾渗透性和持久性；面霜中含有的油性成分更多，营养物质的含量也更高，封闭性强，所以持久性更好。护肤品的成分构成比例如图3-2所示。

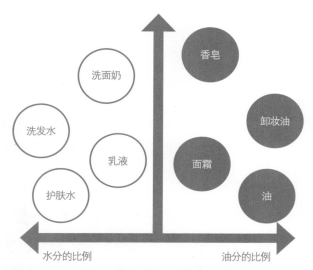

图3-2　护肤品的成分构成比例一览

二　护肤品的成分构成

○─ 水性成分

水性成分易溶于水，分子一般较小，或亲水基含量很高。主要包括水、氨基酸、糖类、盐类、低级醇等（详见第二篇第三章第四节中的保湿部分）。

○─ 油性成分

油性成分易与水相溶，分子一般较大，或亲油基含量很高。主要包括：油脂、硅油、蜡、酯类、烃油和高级醇等（详见第二篇第三章第四节中的保湿部分）。

表面活性剂

表面活性剂是可以让水和油相融的物质。如果一个分子既能跟油融合，又能跟水混合，就可以称作表面活性剂。护肤水和乳液这类护肤品大部分是水油混合物，所以这些产品中都含有表面活性剂。一些食物中也含有表面活性剂，如牛奶、咖啡。

表面活性剂可以分为4个种类：阴离子型、阳离子型、两性离子型和非离子型（见图3-3）。对皮肤的刺激性：阳离子型＞阴离子型＞两性离子型＞非离子型。

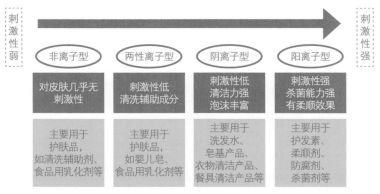

图3-3　4种表面活性剂刺激性对比

其中，阴离子型表面活性剂主要用于卸妆水、洗面奶、洗发水、沐浴露和洗手液等清洁产品，每种成分的清洁力和刺激性都有所不同。在选择产品时，大家要根据自己的肤质和肤况选择适合自己的，图3-4所示是阴离子型表面活性剂的清洁力和刺激性对比。

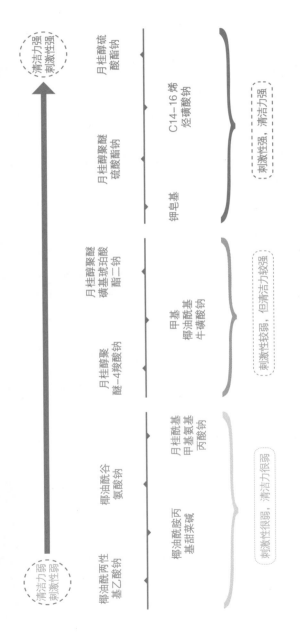

图3-4 阴离子型表面活性剂清洁力和刺激性对比

干性皮肤推荐成分：椰油酰胺丙基甜菜碱、椰油酰谷氨酸钠、月桂酰基甲基氨基丙酸钠等。

油性皮肤推荐成分：月桂醇聚醚-4羧酸钠、甲基椰油酰基牛磺酸钠、月桂醇聚醚磺基琥珀酸酯二钠等。

混干性皮肤推荐成分：椰油酰谷氨酸钠、月桂酰基甲基氨基丙酸、月桂醇聚醚-4羧酸钠等。

混油性皮肤推荐成分：月桂酰基甲基氨基丙酸、月桂醇聚醚-4羧酸钠、甲基椰油酰基牛磺酸钠等。

敏感性皮肤推荐成分：椰油酰两性基乙酸钠、椰油酰胺丙基甜菜碱、椰油酰谷氨酸钠等。

还有一些清洁力强，但刺激性也很强的成分，这些成分并不适合长期使用，即使是出油很严重的皮肤，也无法承担长时间过度清洁给皮肤带来的负担。这些成分包括钾皂基、月桂醇聚醚硫酸酯钠、C14-16烯烃磺酸钠、月桂醇硫酸酯钠等。

第三节　护肤品中常见的添加剂

护肤品中的添加剂主要包括防腐剂、香精和增稠剂等。很多人一提到添加剂就会大惊失色，觉得不含添加剂的产品才是对人体无害的。实际上，要想长期使用护肤品，防腐剂等添加剂是必不可少的。防腐剂可以防止真菌和细菌在产品中的增殖，让护肤品不会因为氧化等因素腐败；香精可以为护肤品增添一定的香味；增稠剂可以改变护肤品的质地，起到乳化稳定等作用。下面，我们将重点介绍这些可以安心使用的"添加剂"。

一　关于添加剂的误区

误区一："无添加剂"的产品就是温和的

现在市面上有很多产品都打出了"无添加剂"或"100% 无添加"的口号，皮肤比较敏感的人会从心理上偏爱这种无添加的护肤品，但其实这些产品中含有很多刺激性成分。为什么会出现这种情况呢？因为目前缺少对这些无添加护肤品的命名规范，现在的产品只要不含要求的指定标示成分，就可以叫作"无添加"。所以，一些产品虽然可以叫无添加护肤品，但它们却没有我们想象的那样温和。

误区二："含天然成分"的产品就是温和的

化学合成物质并不是通过多个化学成分合成而来的，像防腐剂、香

天然成分	合成成分	源自天然成分
天然采取不经人为加工的成分	采取天然成分后，经过化学反应或微生物发酵等得到的成分	以天然物质为原料，制作出来的成分
天然成分不一定是温和的。如花粉也是天然成分，但是有很多人对花粉过敏。石油也是一种天然原料	合成物质是以天然物质为原料进行合成	只要原料是天然的，都可以叫作"源自天然"，所以不要被广告中的"100%源自天然成分"所欺骗。即使是合成物，也都是以天然成分为原料制造出来的，也是"源自天然成分"

图3-5　3种成分对比

1. 天然成分不一定是温和的。

2. 合成物质都是以天然物质为基础原料制成的。

3. 只要原料是天然的，都可以叫作"源自天然成分"。

精、表面活性剂这些护肤品成分，它们的原料大部分是天然成分。作为消费者，我们要学会区分天然成分、合成成分，同时也要警惕"100%源自天然成分"的骗局，图 3-5 所示为这 3 种成分的对比。

二　防腐剂

为了防止产品变质，常规护肤品必须有防腐体系。一些宣称不含防腐剂的产品，通常都有一定的特殊性。例如，产品是一次性使用的，而且是真空无菌灌装，或者产品本身是粉末状的，不含水，且保质期偏短。实际上更多情况是产品使用的某些原料本身具有抑菌抗菌功效。并且这些原料不在《化妆品安全技术规范》中列出的化妆品准用防腐剂标准中。

护肤品中为什么会添加防腐剂

护肤品开封之后会接触空气及其他杂质，可能会因混入细菌和杂质，最终导致产品变质，使用时也会对皮肤造成伤害，所以护肤品中需要加入防腐剂起到抗菌的作用。同时，国家对护肤品中添加的防腐剂的种类及添加的最大浓度有着严格规定。

"不含防腐剂"就是温和的产品吗

现在很多商家都在自己的产品上打出了"防腐剂无添加"或"不添加防腐剂"的标注，按照规定，如果出现类似的标注，产品中就不能添加任何防腐剂成分。但是产品成分列表中会有一些主要作用是"螯合剂"或"保湿剂"的成分，添加这些成分的初衷并不是将其作为防腐剂使用，但其仍会在产品中起到防腐作用。所以即使产品上标明不含防腐剂，也要通过认真阅读成分表才能判定其是否有能够发挥防腐作用的成分。

另外，我们所说的护肤品中的防腐剂只是指《化妆品安全技术规范》中规定的成分，但具有防腐功能的成分有很多，有些成分并没有被列入规定中。某些商家使用这些没有列入规定的成分，既发挥了其防腐功能，还能吹嘘自己是"无防腐剂添加"。

有的产品为了营销"无添加剂"，使用《化妆品安全技术规范》以外的防腐成分，如乙醇、精油、杀菌剂等。甚至为了达到防腐效果，大剂量、高浓度地添加，最终导致产品的刺激性比添加普通防腐剂的产品还大。

○━ 化妆品准用防腐剂

可参考中国《化妆品安全技术规范》2015 版。

三 香精

对香精香料不过敏的人，完全可以使用含有香精的产品。大部分护肤品都会添加香精，因为很多护肤品原料的味道不算好闻，香精可以修饰气味，令人心情愉悦。

四 增稠剂

在护肤品中加入增稠剂，可以让护肤品由液状变成凝胶状。如在乳液和面霜中添加增稠剂，可以起到乳化稳定的作用，所以增稠剂在护肤品的使用感中发挥着重要作用。其主要有以下 6 种功能：①增加产品黏稠感；②让产品呈凝胶状；③附着在皮肤和头发上；④制造覆膜；⑤增加白浊感；⑥增稠（主要是黏土矿物）。

第四节　护肤品的8种常见功能

通过对市面上功效性护肤品的功能分析，我们总结出护肤品的 8 种常见功能，分别是：补水和保湿、控油、水油平衡、温和、提亮、抗衰、通用、卸妆，针对这些功能，我们选取了具有代表性的成分，说明其特性及使用感受，并针对四种不同肤质的特点，给出针对性的成分选择建议。

一　补水和保湿

保湿不同于补水，补水只是为皮肤补充水分，这些水分会在皮肤温度的影响下迅速蒸发，而保湿是要维持皮肤水分，让皮肤保持湿润不缺水的状态。除了后文所说的水性成分和油性成分，还有一种特别重要的保湿成分——神经酰胺。神经酰胺是皮肤角质层中的天然脂质，可以防止水分蒸发，修复皮肤屏障。皮肤内缺少神经酰胺会导致皮肤粗糙、保湿能力下降、干燥、起皮等。神经酰胺的保湿功效适合所有肤质。

以下是常见的具有保湿作用的水性成分和油性成分。

水性成分

水性成分易溶于水，不易溶于油，可以通过保持水分来发挥保湿的作用。常见水性成分如表 3-1 所示。

成分名称	特性	使用感受
表 3-1　水性成分一览（"☆"代表清爽、"△"代表滋润）		
1,3-丁二醇（BG）	刺激性低，敏感性皮肤适用；使用起来清爽不黏腻。除此之外，它还有抑制细菌繁殖的能力，在护肤品中起到防腐的作用	☆
1,3-丙二醇	100% 的纯植物提取物，保湿效果要好于双丙甘醇和1,2 - 丙二醇，可以从发酵的玉米淀粉糖化液中提取	☆
1,2-戊二醇	有一定的防腐效果，常用于不添加防腐剂的护肤品	☆
1,2 丙二醇（PG）	脂溶性很高，容易刺激皮肤，谨慎使用	☆
1,2-己二醇	广泛应用于不添加防腐剂的护肤品中。但是如果添加量超过一定的限度，可能会刺激皮肤，要谨慎使用	☆☆
乙醇	易挥发，挥发的过程中会带走水分，皮肤会感到很清爽，但是也容易引发皮肤干燥的问题，所以乙醇不适合敏感性皮肤使用	☆☆☆☆
双丙甘醇（DPG）	使用后皮肤会变得更加柔软。但是会刺激眼睛和皮肤，所以不推荐敏感性皮肤使用。此外，在护肤品中也可以起到防腐的作用	介于清爽和滋润之间
山梨糖醇	质地相对黏腻。常用于护肤水中，可以通过吸附水分来发挥保湿的功效	△△
甘油	保湿能力强，效果稳定，刺激性小，敏感性皮肤适用；常用于卸妆产品中	△△△
吡咯烷酮羧酸钠	即使在护肤品中的配比浓度低于 1%，也可以高效发挥保湿的作用。吡咯烷酮羧酸钠是一种存在于皮肤角质层中的天然保湿因子，能够减少角质层的水分流失	△△△△

图 3-6 所示为水性成分的使用感（清爽或滋润）和刺激性（弱或强）的对比。

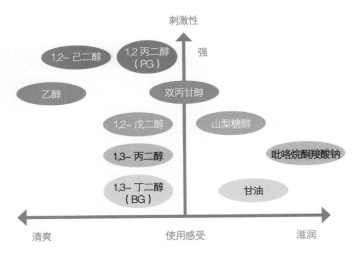

图3-6 水性成分使用感和刺激性对比

干性皮肤推荐成分：吡咯烷酮羧酸钠、山梨糖醇。

油性皮肤推荐成分：乙醇、1,2- 戊二醇、1,3- 丙二醇、1,3- 丁二醇。

混干性皮肤推荐成分：山梨糖醇、双丙甘醇。

混油性皮肤推荐成分：双丙甘醇、1,2- 戊二醇、1,3- 丙二醇、1,3- 丁二醇。

敏感性皮肤推荐成分：甘油、1,3- 丁二醇。

注意：1,2- 己二醇和 1,2- 丙二醇的刺激性较高，敏感性皮肤谨慎使用。

○─ **油性成分**

油性成分易溶于油，不易溶于水，可以通过抑制皮肤水分蒸发来发挥保湿作用。常见油性成分如表 3-2 所示。

表 3-2 油性成分一览（"☆"代表轻薄、"△"代表厚重）			
油的种类	成分名称	特性	使用感
烃类油	角鲨烷	鲨鱼的肝脏、橄榄油和甘蔗都含有角鲨烷；使用时清爽不黏腻，而且不易氧化，状态稳定	☆☆☆
	凡士林	不易氧化，可以防止皮肤水分蒸发。刺激性小，适用于干性皮肤	△△
	石蜡	一般用于口红中	△△△△
	矿物油	不易被皮肤吸收，可以停留在皮肤表面，防止水分蒸发；刺激性小，被广泛应用于化妆品、医药品中	黏度等级不同，使用感不同
	氢化聚异丁烯	一般应用于防水睫毛膏、卸妆产品、唇釉和唇彩中	黏度等级不同，使用感不同
酯类油	霍霍巴籽油	不易被氧化	☆☆
	甘油三（乙基己酯）酸	刺激性小，亲肤，广泛应用于卸妆等护肤品中	☆☆☆
	棕榈酸乙基己酯	使用起来比较清爽，性价比高，广泛应用于护肤品、清洁类产品和彩妆产品中	☆☆☆☆
	二异硬脂醇苹果酸酯	具有一定的黏性，常应用于唇釉、口红彩妆中	△△
	蜂蜡	常用于唇膏、磨砂膏中	△△△△

（续表）

油的种类	成分名称	特性	使用感
天然油脂类	刺阿甘树仁油	含有丰富的抗氧化成分，如维生素 E。低温压榨后可以直接作为护肤品使用	☆
	油橄榄果油	亲肤性好，易氧化。常应用于乳液和面霜等护肤品中	☆☆
天然油脂类	全缘叶澳洲坚果籽油	人的皮脂中也含有棕榈油酸，所以亲肤性很好	☆☆
	马油	富含油酸和棕榈酸，容易被皮肤吸收，也能防止水分蒸发	介于轻薄与厚重之间
	椰油	稳定性高，但不易被皮肤吸收	△
	乳木果脂	在所有的植物油中，乳木果脂防止水分蒸发的功能是最强的，常应用于护手霜等护肤品中	△△
硅油类	环五聚二甲基硅氧烷	使用起来非常清爽，润滑性好。常应用于彩妆和防水的防晒产品和护发产品中	△△△△
	聚二甲基硅氧烷	稳定性强，防水性好，使用起来很柔和、顺滑，广泛应用于护肤品中	黏度等级不同，使用感不同

图 3-7 所示是油性成分使用感受（轻薄或厚重）对比。

当皮肤特别干燥时，可以选择凡士林、乳木果脂这种质地比较厚重的油性成分，对干性皮肤很友好。

当皮肤不是很干燥时，可以选择含有角鲨烷、全缘叶澳洲坚果籽油、油橄榄果油、刺阿甘树仁油这些质地比较轻薄的油性成分。

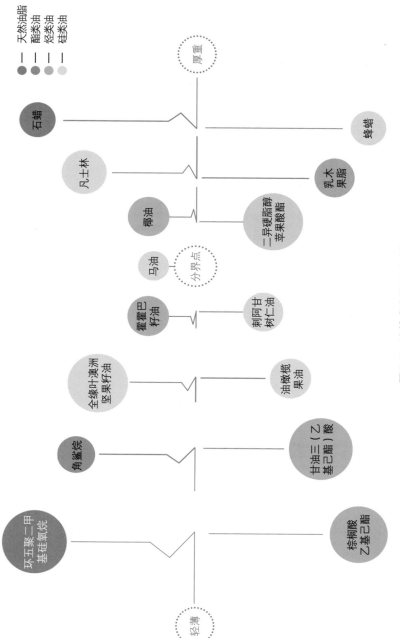

图3-7 油性成分使用感对比

二 控油

　　想要控油，首先要知道皮肤出油的原因，然后对症下药，选择护肤成分。人体皮肤上的油脂是毛孔中的皮脂腺分泌出的一种皮脂。紫外线照射、激素水平、压力因素、护肤方式及各种环境因素都会影响皮脂腺的分泌（详见第一篇第一章第一节中皮脂腺部分）。

　　当皮脂分泌过量时，毛孔处于张开状态，一直往外排出油脂，面部就会呈现油光发亮的状态，特别是额头和 T 区。这些油脂经过空气氧化后会让面部变黑变黄。油脂过度增加时，会导致痤疮杆菌的菌群动态平衡被打乱，引发痘痘问题（油性皮肤常见问题及护肤对策详见第四篇第六章）。

　　表 3-3 所示是常见的添加在护肤品中的控油成分及其特征。

表 3-3　常见的控油成分及其特征

分类	成分名称	特性
清洁类成分	含钾皂基胚	属于皂基系清洁成分，是一种含钾的低刺激性皂基
	油酸钠 / 油酸钾	属于皂基系清洁成分，刺激性较低，并且清洁力较稳定
	月桂醇聚醚 -4 羧酸钠	属于羧酸系清洁成分，又被称作酸性皂基，因为它的成分和构造与皂基十分相似，且具有弱酸性。其清洁能力较强，刺激性较低
	椰油酰谷氨酸钠	这种成分一般存在于低刺激性洗发水中。刺激性较弱，清洁力也比较低
	月桂酰基甲基氨基丙酸钠	这种成分一般存在于低刺激性洗发水中。属于氨基酸系表面活性剂的一种，性质稳定为弱酸性
	膨润土	也叫蒙脱石，属于黏土泥成分的一种。科学研究表明该成分添加在洁面产品中可以在不损伤皮肤的前提下清除多余的油脂，但成分功效过强，每周使用一次即可。过于频繁使用，可能会导致皮肤屏障受损
清洁类成分	高岭土	属于黏土泥成分的一种。添加在洁面成分中可以在不损伤皮肤的前提下清除多余的油脂，成分功效过强，每周使用一次即可。过于频繁使用，可能会导致皮肤屏障受损

（续表）

分类	成分名称	特性
护肤类成分	大米精华 No.6	它能够抑制皮脂腺的工作，从而达到调理皮脂分泌油脂的效果
	肌醇六磷酸	是从米浆中提取的成分，通过实验发现该成分能够抑制皮脂分泌
	吡多素 HCI	也叫盐酸吡多素、维生素 B6 衍生物。该成分实际上是一种维生素 B6 的衍生物。身体中如果缺乏此种成分，可能会诱发脂溢性皮炎，吡多素是医药认证的成分，适当使用能够预防痤疮
	10- 羟基癸酸	存在于蜂王浆中，所以也被称为蜂王浆酸，可以抑制皮脂分泌，溶解粉刺
	氧化锌	氧化锌可以吸附游离脂肪酸，游离脂肪酸是导致皮肤氧化和刺激的关键物质
	二氧化硅	也叫无水硅酸。氧化硅是多孔结构，具有十分优异的吸油性，但是它的使用感又非常清爽，能够起到减轻黏腻感的功效
护肤类成分	富勒烯	富勒烯是由碳组成的球形物质，并且稳定性相对较强，相比其他氧化剂，其抗氧化能力持续时间更长。在紫外线照射下也具备极稳定的抗氧化力，因此它又被称为"C66 自由基海绵"
	生育酚磷酸酯钠	它是极少数水溶性维生素 E 衍生物，在体内具备极强的抗氧化能力。除抗氧化外，它还具有抗炎的功效，能够改善皮肤的粗糙程度
	虾青素	也叫雨生红球藻提取物，这种成分广泛地存在于鱼类、虾类以及海洋生物中。也存在于雨生红球藻类中，属于胡萝卜素中的一种，虾青素会比维生素更高的抗氧化能力，在人类皮肤测试中，测试出其具有改善皱纹的效果
	抗坏血酸磷酸酯镁、抗坏血酸磷酸酯钠	属于维生素 C（抗坏血酸）衍生物。当它被皮肤吸收时，磷酸会从皮肤中脱离，剩下的维生素 C 可以起到抑制黑色素的作用，因此被称为即效型维生素 C。该成分不但具有美白功效，高浓度添加在护肤品时也具有抑制油脂分泌的功效

根据皮脂腺分泌皮脂的原理，控油的关键在于把握温和清洁、抑制皮脂分泌、吸附皮脂、防止皮肤氧化这几个环节。图 3-8 所示是对应关键环节的护肤成分。

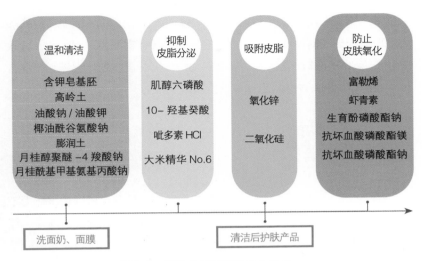

图3-8　控油关键环节对应的成分

温和清洁：越是出油严重的皮肤越要注意不能过度或强力清洁皮肤，因为强力清洁会带走皮肤原有的水分和油脂，反而会刺激皮肤产生更多的油脂来保护皮肤。

抑制皮脂分泌：这些成分可以通过抑制皮脂腺的工作，来达到调节皮脂分泌的效果。

吸附皮脂：这些成分可以通过吸附皮脂来缓解面部油光，让面部呈现清爽的状态。

防止皮肤氧化：这些成分可以发挥抗氧化的作用，也可以缓解外界刺激，抑制皮脂分泌。

三　水油平衡

最适合混合性皮肤使用的成分是烟酰胺。烟酰胺可以一边补水，一边控油，真正做到调节水油平衡。2%~4% 浓度的烟酰胺添加在护肤品中就可以起到长时间调节皮脂分泌的效果。而且它不会过度控油，导致皮肤干燥。它还能够强化皮肤的屏障功能，提升皮肤的保湿能力（混合性皮肤常见问题及护肤对策详见第四篇第七章）。

四　温和

敏感性皮肤易受损或已受损，角质层脆弱且较薄，所以锁水能力不足。皮肤受到外界刺激时会出现一系列皮肤问题，如红血丝、瘙痒、红肿等。如果没有及时修护屏障，皮肤就会陷入恶性循环（敏感性皮肤常见问题及护肤对策详见第四篇第八章），所以不管是清洁还是清洁后使用的护肤品，都要对成分严格把关，规避刺激性成分。图 3-9 所示是适合敏感性皮肤使用的温和成分。

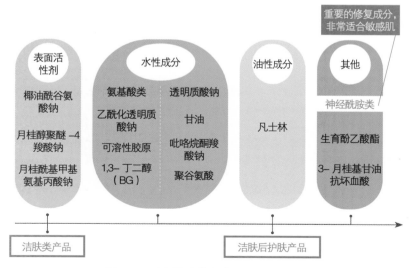

图3-9　适合敏感性皮肤使用的温和成分

清洁：敏感性皮肤很多问题都出在清洁上。因为其本身角质层就很薄，过度清洁之后，皮肤内仅剩的水分和油分也流失了，就会出现瘙痒，甚至炎症。所以敏感性皮肤一定要选择温和的清洁成分，以免皮肤在清洁时受到二次伤害，尤其是不能使用皂基类的强清洁力产品。当皮肤状态不好时，可以选择用温水洁面，不使用洁面产品。

清洁后护肤：敏感性皮肤护理的重点在于规避刺激性成分，所以最好选择成分单一的护肤品，如含有神经酰胺的护肤水、乳液和面霜等。

五 提亮

想要提亮美白，关键是要把握皮肤晒黑的原理。导致皮肤晒黑的元凶是紫外线，但是晒黑并不是皮肤问题，而是皮肤受到紫外线照射后出现的保护反应，黑色素可以有效吸收紫外线，减少紫外线对人体的影响。轻微的晒黑，经过一段时间的新陈代谢就可以让皮肤恢复到原来的颜色，但是如果晒黑程度较严重，而且没有及时修复，黑色素长时间集中在某个部位，就有可能形成晒斑（美白淡斑等常见问题及护肤对策详见第四篇第九章）。表 3-4 所示为常见的美白淡斑成分。

表 3-4 常见的美白淡斑成分

原理	成分名称	特性
预防黑色素产生	母菊提取物	也叫母菊 ET。内皮素会促成黑色素的产生，母菊提取物这种成分能够抑制内皮素传递制造更多黑色素的错误指示，它是一种提取自菊科植物种母菊的美白成分
	传明酸	作为人工合成的氨基酸，对淡化黄褐斑有奇效，可以外用，可以内服，推荐敏感肌使用。其原本仅在医药行业作为止血剂和抗炎剂使用，也叫凝血酸、氨甲环酸

（续表）

原理	成分名称	特性
预防黑色素产生	传明酸十六烷基酯	也叫 TXC、氨甲环酸衍生物。TXC 被皮肤吸收后，在体内转变为氨甲环酸，并能对皮肤产生循序渐进的改善效果
抑制黑色素的过度生成	抗坏血酸磷酸酯酶、抗坏血酸磷酸酯钠	也叫 APM、APS、维生素 C 衍生物。当它被皮肤吸收时，磷酸会从皮肤中脱离，剩下的维生素 C 可以起到抑制黑色素的作用，因此被称为即效型维生素 C
	4- 甲氧基水杨酸钾	也叫 4-MSK。它能够对制造黑色素的关键组成部分——酪氨酸酶产生作用，不仅能达到抑制黑色素的效果，还能协助蓄积的黑色素排出体外
	二丙基联苯二醇	也叫厚朴木脂素。提取自厚朴木，属于多酚的一种。它能够对制造黑色素的关键组成部分——酪氨酸酶产生作用，从而抑制黑色素的产生
	抗坏血酸葡糖苷	属于维生素 C（抗坏血酸）衍生物。当它被皮肤吸收时，磷酸会从皮肤中脱离，剩下的维生素 C 可以起到抑制黑色素的作用，因此被称为即效型维生素 C
	3- 邻 - 乙基抗坏血酸	属于维生素 C 衍生物，这种维生素 C 衍生物能够防止太阳直射后长波紫外线（UVA）给皮肤带来的即时皮肤黑化
	曲酸	它能够对制造黑色素的关键组成部分——酪氨酸酶产生作用，从而达到抑制黑色素的效果
	熊果苷	熊果苷提取自熊果叶，它能够对制造黑色素的关键组成部分——酪氨酸酶产生作用，从而达到抑制黑色素的效果。另一种名为 α- 熊果苷的成分也被用于护肤品中
	鞣花酸	鞣花酸存在于秘鲁的豆科植物刺云实、草莓、苹果中，是鞣酸的一种，它能够对制造黑色素的关键组成部分——酪氨酸酶产生作用，从而达到抑制黑色素的效果
	4- 正丁基间苯二酚	也叫噜忻喏，它能够对制造黑色素的关键组成部分——酪氨酸酶产生作用，从而达到抑制黑色素的效果
	亚油酸	亚酸油属于不饱和脂肪酸的一种，红花中存在大量的亚酸油。它能够对制造黑色素的关键组成部分——酪氨酸酶产生作用，从而达到抑制黑色素的效果

（续表）

原理	成分名称	特性
封锁黑色素的运输	烟酰胺	作为维生素 B3 的衍生物，能够阻止黑色素细胞将黑色素传递给角质细胞
促进多余黑色素代谢	磷酸腺苷二钠	也叫 AMP，该成分可以促进表皮的新陈代谢，提高细胞内的能量代谢，排出黑色素
促进多余黑色素代谢	右泛醇	也叫 PCE-DP，作为最新的美白成分，能够改善角质细胞的能量代谢，促进人体新陈代谢，且能够将细胞中的黑色素分解消化，阻止皮肤黑化
促进多余黑色素代谢	胎盘蛋白	该成分提取自猪等哺乳动物的胎盘，这种提取物含有丰富的矿物质及氨基酸。有相关研究称，其能够起到抑制黑色素生成，促进黑色素排出体外的作用
其他	氢醌	这种成分被称作皮肤的漂白剂，效果很好，但要特别注意，当该成分浓度过高时，可能会产生白斑一类的副作用
其他	维生素 C 衍生物	维生素 C 是皮肤健康与美丽不可或缺的重要成分，它非常容易氧化，具有不稳定性。直接外用涂抹很难被皮肤吸收，为了提高维生素 C 的稳定性和渗透性，需要和其他成分一同使用，维生素 C 和其他分子相结合就形成了衍生物
其他	维生素 C 衍生物	维生素 C 的别名是"L- 抗坏血酸"，将其加入"葡萄糖苷"分子就会形成"抗坏血酸磷酸酯酶"，这种成分可以提高维生素 C 的稳定性

　　根据皮肤晒黑和黑色素生成的原理，提亮美白的关键在于把握以下几个环节：停止发送制造黑色素的指令、抑制黑色素过度生成、封锁黑色素的运输，以及促进已合成黑色素的代谢。图 3-10 所示是对应提亮美白关键环节的护肤成分。

　　停止发送制造黑色素的指令：这属于防止黑色素生成的第一道关口。可以从源头防止皮肤变黑。

　　抑制黑色素过度生成：主要是抑制酪氨酸酶的活性。因为酪氨酸酶是黑色素合成不可缺少的酶，酪氨酸酶活性降低时，黑色素的合成量将会大幅度减少，从而防止皮肤变黑。

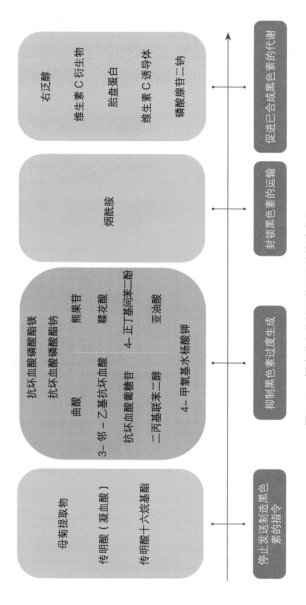

图3-10 提亮美白关键环节可用的护肤成分

封锁黑色素的运输：黑色素生成之后不会直接表达到皮肤表面，也就是角质层。烟酰胺可以阻断黑色素传达到角质层的过程。也就是说，就算黑色素已经合成了，只要能够阻断其表达的过程，皮肤也不会显黑。

促进已合成黑色素的代谢：这时黑色素已经被传达到皮肤角质层了，皮肤也已经被晒黑了。这时就需要通过新陈代谢来分解已经合成的黑色素，最终也能达到提亮肤色的效果。

综上所述，在选择美白产品时，需要先明确自己处于哪一个阶段，如果你已经被晒黑了，使用的却是能够停止发送黑色素指令的成分，黑色素不会继续产生，你不会继续变黑，但是也不能马上变白，只能通过皮肤自身的代谢慢慢分解黑色素。除此之外，有效的提亮美白对策，应该是做好预防，在源头阻断黑色素的生成，一年四季都要使用防晒和美白类的产品。

六　抗衰

为什么随着年龄增长，皮肤就会越来越松弛呢？这是因为年轻的皮肤细胞新陈代谢旺盛，细胞分裂也很活跃，能够维持皮肤的弹性、柔软性。而老化的皮肤细胞新陈代谢活动变慢，在紫外线和其他环境因素的影响下，弹性蛋白和胶原蛋白减少，细胞失去支撑，就开始塌陷形成皱纹，皮肤也变得松弛。表 3-5 所示为常见的可改善皱纹和松弛的成分。

表 3-5　常见的可改善皱纹和松弛的成分

成分名称	成分功能
视黄醇（维生素 A 衍生物）	视黄醇在一定程度上可以促进表皮透明质酸生成，改善皱纹
NEI-L1	2016 年取得改善皱纹的效果证明，可以合成弹性蛋白

（续表）

成分名称	成分功能
烟酰胺（维生素 B3 衍生物）	烟酰胺是一种十分常用的美白成分，效果显著，对真皮层和表皮层都能产生一定的作用，属于维生素 B3 衍生物中的一种
视黄醇棕榈酸酯	视黄醇维生素 a 的衍生物，可以促进表皮透明质酸的产生
生育酚视黄酸酯（维生素 A、E 衍生物）	这种成分是将维生素 A 和维生素 E 结合在一起产生的，它同时具备维生素 A 改善皱纹的功能和维生素 E 的抗氧化功能
二甲基甲硅烷醇透明质酸酯（透明质酸衍生物）	属于透明质酸衍生物，包含了具有抗皱功能的硅。它的保湿效果会比透明质酸更加明显，保湿效果好，干燥纹路可以被有效改善
神经酰胺 3、神经酰胺 6II	对改善纹路有显著的效果。但是人体中这两种成分会随着年龄的增长而逐渐地变少
抗坏血酸棕榈酸酯磷酸酯三钠	该成分性质不稳定，遇到水极易分解，但是作为衍生物，它可以到达皮肤更深层的位置，也可以利用维生素 C，促进胶原蛋白的生成，且具有抗氧化的作用
3-O- 鲸蜡基抗坏血酸	它是一种性质较为稳定的维生素 C 衍生物，能够促进胶原蛋白纤维素的形成
棕榈酰三肽 -5	属于一种合成肽，可以促进真皮中胶原蛋白的形成，改善脸部皱纹
二棕榈酰羟脯氨酸	该成分作为合成胶原蛋白必需的氨基酸，同时具有抑制弹性蛋白分解的能力
富勒烯	富勒烯形状类似于足球，由碳元素组成。抗氧化能力比较强，在紫外线的照射下仍具有稳定的抗氧化能力
生育酚磷酸酯钠（生育酚乙酸酯 / 维生素 E 衍生物）	作为维生素 C 衍生物中最有效的一种成分，具备极强的抗氧化能力，此外，它还能有效改善皮肤粗糙
虾青素	这种成分广泛存在于鱼类、虾类及海洋生物中，还存在于雨生红球藻类中，属于胡萝卜素中的一种，虾青素的抗氧化能力要强于维生素
泛醌（辅酶 Q10）	泛醌是参与人体能量代谢的重要组成部分，具有抗氧化的作用

（续表）

成分名称	成分功能
乙酰基六肽-8	又称作阿基瑞林，可以模拟肉毒杆菌，降低面部肌肉收缩程度，从而改善皱纹
二肽二氨基丁酰苄基酰胺二乙酸盐	也叫类蛇毒血清蛋白，它是从蛇身提取的一种成分，有类似肉毒杆菌的作用
甘油酰胺乙醇甲基丙烯酸酯/硬脂醇甲基丙烯酸酯共聚物	通过模仿神经酰胺构造使皮肤不紧绷，起到保湿的效果。并给皮肤附上一层保护膜，从而改善皱纹
锦纶-6	作为锦纶系的合成物，质地多孔，能让面部看起来有"磨皮"的效果
(1,4-丁二醇/琥珀酸/己二酸/HDI) 共聚物	作为一种合成共聚物，这种成分和二氧化硅组合在一起能使面部达到"磨皮"效果。除此之外，还能控制面部出油
乙烯基聚二甲基硅氧烷/聚甲基硅氧烷倍半硅氧烷交联聚合物	呈粉状，但与其他粉末相比更加柔软顺滑

　　根据老化的原理，抗衰的关键在于把握以下几个环节：改善细纹、改善皱纹、改善皮肤松弛，图 3-11 所示是关键环节对应的护肤成分。

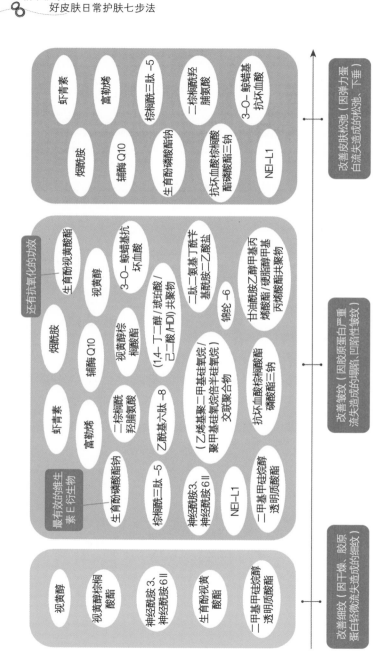

图3-11 抗衰关键环节对应的护肤成分

改善细纹：细纹也叫干燥纹，主要是由于皮肤缺水造成的，是一种假性纹。只要做好保湿就能得到改善。但是如果没有及时补充水分和营养，可能会导致细纹向真性纹（松弛纹等）发展。

改善皱纹：皱纹属于真性纹，主要是由于真皮层组织结构的变化导致的，所以需要能够到达真皮层作用的、促进胶原蛋白生成的成分，才能改善皱纹。

改善皮肤松弛：改善皮肤松弛的关键在于要做好抗氧化。抗氧化不是指抵抗空气中的氧气，而是要抵抗身体内的活性氧。活性氧是皮肤自然老化的元凶，它会攻击人体内的健康细胞，导致细胞活性下降，新陈代谢变慢，皮肤老化加速。坚持使用含有抗氧化功效的护肤品，能够推迟皮肤自然老化。

抗衰除了要选择正确的护肤成分，还要做好防晒，隔离紫外线，防止光老化给皮肤带来二次伤害。而且眼周的皮肤比面部其他部位要薄，更容易出现皱纹，所以一定要保护好眼周皮肤。最重要的一点，老化是在真皮层发生的，并不像角质层缺水那样，做好补水保湿就可以看到显著的效果。抗衰是一个需要长期坚持的过程！而且防大于治，在皮肤出现衰老之前就做好预防，才是最好的抗衰方法！

七　通用

大部分护肤成分是不通用的，它们或是因肤质不同不通用，或是因肤况不同不通用，或是因功能不同不通用。比如说，有的成分适合干性皮肤，却不适合油性皮肤使用；有的成分适合年龄稍大的皮肤使用，却不适合年轻的皮肤使用；有的成分是祛痘用的，没有痘痘的皮肤使用就没有效果。总之，大部分护肤成分都有指向性，但有 5 种成分可以被称为"万通王"（见表 3-6），无论什么肤质，无论什么年龄的皮肤都适用。

1. 神经酰胺：无论什么肤质，无论什么年龄的皮肤都需要它，它本来就存在于皮肤中，有助于强化皮肤屏障，是健康皮肤的基础。

2. 透明质酸：充足的水分是护肤的基础，透明质酸可以为任何缺水的肤质补充水分，并牢牢锁住水分。

3. 维生素 C 衍生物：维生素 C 衍生物可以起到抗氧化、促进黑色素代谢和促进胶原蛋白合成的功效，它是美白和抗氧化的明星。

4. 烟酰胺：烟酰胺补水、控油、保湿、抗氧化样样精通，几乎没有一个成分能像烟酰胺一样，具有功能的普适性，不同浓度可以表现出不同的功能。

5. 虾青素：人人都怕老，在抗氧化这方面，虾青素是已知成分中的抗氧化之王，而人体衰老的核心因素就是自由基导致的氧化，所以抗氧化是抗衰的关键方法。虾青素是适合所有肤质使用的抗氧化成分。

表 3-6　通用成分特征及作用（适用于所有肤质）

成分名称	特性及作用
神经酰胺	神经酰胺存在于人类皮肤中，约占细胞间脂质的 40%，具有连接角质层细胞的作用，是保持皮肤水分的关键。神经酰胺主要包括合成神经酰胺、植物性神经酰胺和动物性天然神经酰胺等。其中有一种叫作人类神经酰胺，这种神经酰胺和人类皮肤中的神经酰胺结构很相似，所以很容易被吸收。只需要添加微量到护肤品中，就可以很好地修复或强化皮肤屏障。神经酰胺主要有两个功能：①锁住水分和油分，防止水分蒸发导致皮肤干燥；并且神经酰胺不会刺激皮肤，堪称敏感性皮肤的福音，所以皮肤易敏感的人在选择护肤品时，就可以观察一下成分表中有没有神经酰胺的成分；②强化皮肤屏障，保护皮肤免受外界刺激。数据表明，敏感性皮肤中都会缺少神经酰胺。而且随着年龄增长，神经酰胺会逐渐流失，就容易出现皮肤问题，如干燥缺水、屏障受损、出现细纹等。到了 50 岁时，皮肤内的神经酰胺甚至只有 20 岁时的一半。而且到了这个阶段，身体也没有足够的能力制造大量的神经酰胺了，所以就需要人为地从外界为皮肤补充

（续表）

成分名称	特性及作用
透明质酸	正常真皮内基质主要含非硫酸盐酸性黏多糖，如透明质酸，透明质酸是糖胺聚糖中唯一一种不含硫酸的成分。在正常皮肤中含量很少，但由于其可以吸收几乎等同于本身 1000 倍的水，所以在皮肤抗皱抗老化方面具有重要意义。皮肤内的透明质酸充足时，水分也不易流失，皮肤的屏障功能也会得到增强，使得皮肤能够更好地应对外界环境的变化和刺激。但是透明质酸容易因为年龄增长、过度清洁等原因流失，所以需要通过外用含有透明质酸的护肤品来补充，强化皮肤屏障。透明质酸的主要功效是保湿、抗皱。①透明质酸可以清除表皮层内的氧自由基、修复皮肤屏障或者加速伤口愈合。因为小分子透明质酸可以穿透表皮层，对细胞进行分化，因此在选择护肤品时，应根据自己的肤况合理选择添加透明质酸的产品。一般护肤品中也会添加透明质酸，主要作用是为了在表皮形成水化膜，加强皮肤角质层的屏障功能和吸水能力，防止皮肤干燥。②透明质酸在延缓皮肤老化过程中发挥着重要作用。皮肤长期受到紫外线照射，会导致皮肤内透明质酸的含量降低，出现干燥、脱屑和长细纹等问题。通过补充透明质酸，可以有效缓解细纹。要注意的是，大分子透明质酸无法被皮肤吸收，只在皮肤表面起保湿作用，要选择添加小分子透明质酸钠的产品才能起到抗皱的效果
维生素 C 衍生物	相比维生素 C 衍生物，大家更熟悉的是维生素 C。由于维生素 C 非常不稳定，而且极其容易氧化，很难渗透到皮肤深层发挥作用，所以为了提高其渗透性和稳定性，将维生素 C 与其他分子结合，便得到了维生素 C 衍生物。常见的维生素 C 衍生物有抗坏血酸葡糖苷、抗坏血酸棕榈酸酯、抗坏血酸磷酸酯酶、抗坏血酸磷酸酯钠、三氧乙基抗坏血酸、四己基癸醇抗坏血酸酯、抗坏血酸四异棕榈酸酯、抗坏血酸棕榈酸酯磷酸酯三钠、氨基丙醇抗坏血酸磷酸酯、二甘油抗坏血酸酯、己基甘油抗坏血酸酯、异硬脂酯抗坏血酸磷酸酯二钠。维生素 C 衍生物主要有淡化色斑、抗衰老两大功效。①淡化色斑。实验数据表明，将含 10% 抗坏血酸磷酸酯酶的乳膏涂抹在有晒斑和蝴蝶斑的部位时，淡化色斑的有效率为 100%，这说明了维生素 C 衍生物有淡化色斑的作用。②抗衰老。维生素 C 衍生物可以通过清除自由基起到抗氧化的作用，预防紫外线对人体造成的光老化，淡化已形成的皱纹

（续表）

成分名称	特性及作用
烟酰胺	烟酰胺是维生素 B3 的一种衍生物，被称为万能型美肌维生素，是一种非常稳定且温和的成分，被广泛应用于各种护肤品，如面膜、精华、眼霜、乳液、面霜、护手霜和身体乳中。烟酰胺主要有五大功效：控油、改善痘痘、收敛毛孔、强化皮肤屏障和改善色素沉着（美白）。①控油。能够真正做到有效且长时间控油的成分很少见，而且很多起效的控油产品是通过物理性质的吸油来实现控油的。护肤品中添加 2%~4% 浓度的烟酰胺就可以起到长时间调节皮脂分泌的功效。而且它不会过度控油导致皮肤干燥，因为它能够强化皮肤的屏障功能，提升皮肤的保湿能力。②改善痘痘。烟酰胺能够促进皮肤的新陈代谢，并且将皮肤上多余的角质剥落，防止毛孔堵塞。再加上它能够控制油脂的分泌，让毛孔处于干净通透的状态，痘痘情况也可以得到缓解。③收敛毛孔。烟酰胺收缩毛孔的功效其实也是通过控油来实现的。因为皮脂分泌过旺时，毛孔需要一直打开，向外排出多余的油脂，所以毛孔就会显得粗大，但是通过烟酰胺的调理，皮肤油脂分泌量减少了，毛孔不用一直张开排出油脂，慢慢就会收缩。④强化皮肤屏障。通过促进神经酰胺和角蛋白的合成，烟酰胺可以改善皮肤的屏障。而且研究表明，面霜中只需要添加 2% 浓度的烟酰胺就可以长时间改善皮肤的屏障功能，提升皮肤的含水量，让皮肤能够更好地锁住水分。⑤改善色素沉着（美白）。烟酰胺可以通过阻止黑色素转移达到改善色素沉着的作用。研究表明，即使是低至 2% 的局部浓度，烟酰胺也可以有效发挥作用
虾青素	虾青素是一种抗氧化剂，具有极强的抗氧化能力，它清除自由基的能力也极强，广泛应用于保健食品、护肤品和药品等领域。虾青素之所以有强大的抗氧化能力，是因为它能够吸引自由基未配对电子或向自由基提供电子，从而清除自由基，起到抗氧化的作用。与具有相同结构的维生素 E、β- 胡萝卜素、α- 胡萝卜素、番茄红素和叶黄素相比，其猝灭分子氧的能力是最强的。通过保护脂质体，抑制脂质过氧化，虾青素还能保护细胞蛋白质，使细胞及 DNA 免受氧化反应的伤害，促进细胞新陈代谢，让细胞内蛋白质更好地发挥功能。虾青素的抗氧化能力在护肤品中也得到了极大的发挥，主要可以起到预防光老化、抗衰老和提亮肤色三大功能。①预防光老化。光老化的元凶是紫外线照射。通过发挥抗氧化能力，虾青素可以高效减少因紫外线照射引起的自由基，减少紫外线损伤，预防光老化。②抗衰老。除了紫外线照射生成的自由基，人体自身也会发生氧化并产生自由基，正常情况下，自由基的产生与消除处于一个动态平衡。但是随着年龄增长或其他因素刺激，自由基的动态平衡被打破，多余的自由基就会攻击正常细胞，导致细胞被氧化，皮肤便会慢慢进入老化的状态。这时，使用虾青素抑制自由基能帮助细胞延缓衰老，减少皱纹，让皮肤更具弹性和张力。③提亮肤色。黑色素的沉积是皮肤变黑、长斑的重要因素，虾青素可以预防黑色素沉积在皮肤上，从而起到提亮肤色的作用，甚至可以减少黑色素堆积形成的雀斑

八 卸妆

含油脂类成分的卸妆产品

含油脂类的卸妆产品主要有卸妆油、卸妆乳、卸妆膏等。

在选择油脂类卸妆产品时，要注意成分的卸妆强度。根据相似相溶的原理，油脂类可以将面部的彩妆溶解掉，但是清洁力过强时，也会带走皮肤内锁水、保护皮肤的油分，导致皮肤变得干燥，严重的屏障也会受损，所以尽量选择天然的油脂类卸妆产品。图 3-12 所示为油脂类卸妆成分的强度对比。

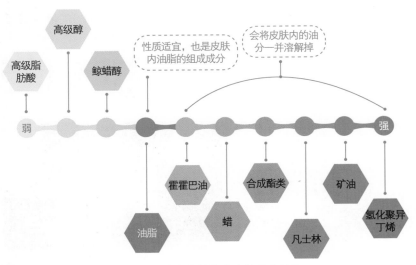

图3-12 油脂类卸妆成分的强度对比

天然油脂是指从动植物中提取出来的油分。因为人的皮脂主要成分也是油脂，所以这些油脂残留在皮肤上是不会造成危害的，不仅能溶解彩妆，还能帮助皮肤锁住水分。但是在选择油脂成分时要注意，氧化的油脂会刺激皮肤,可能会造成皮肤状态不稳定,所以不要选择杏仁油和芝麻油等易氧化的油脂。要选择不易氧化的油脂,如摩洛哥坚果油、澳洲坚果籽油、米糠油、鳄梨油等,而且这些成分中含有多种抗氧化的维生素,能够保持皮肤的弹性,对于抗老也十分有益。

含表面活性剂的卸妆产品

含表面活性剂的卸妆产品主要有卸妆水、卸妆啫喱、卸妆凝露等。

这些卸妆产品主要是靠表面活性剂发挥清洁力,与油脂类卸妆产品相比,其中加入了很多水溶性的成分,如茶树精华、神经酰胺等控油或保湿的成分,所以这一类产品不仅可以溶解彩妆和油污,还能发挥更多的功效。

不同肤质在选择这类卸妆产品时,要关注的是表面活性剂的刺激性和清洁力(见图3-13)。

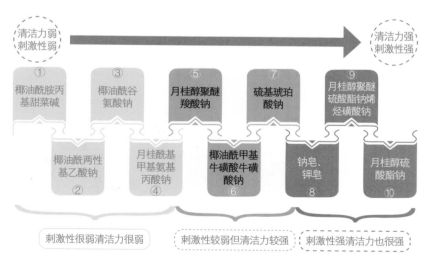

图3-13　清洁成分清洁力和刺激性对比图

干性皮肤推荐成分：图 3-13 中②③④。

油性皮肤推荐成分：图 3-13 中⑤⑥⑦。

混干性皮肤推荐成分：图 3-13 中③④⑤。

混油性皮肤推荐成分：图 3-13 中④⑤⑥。

敏感性皮肤：图 3-13 中①②③。

剩下的清洁力强但是刺激性也强的成分，如图 3-13 中⑧⑨⑩，即使是油性皮肤也不能长期使用，干性皮肤和敏感性皮肤禁用！

第五节　护肤品中常见的100种成分

近年来，随着大家生活品质的提高，人们越来越重视护肤这件事，很多护肤新手也开始研究起护肤品的成分，不过只认识"神经酰胺""玻尿酸"这几个耳熟能详的网红成分还远远不够。想要迅速成为"成分党"，也许表 3-7 可以帮你。

表 3-7　护肤品中常见的 100 种成分及功能特征

序号	分类	成分名称	成分介绍
1	清洁	钾皂基	这些是具有代表性的皂基成分。优点是清洁能力强，使用起来很方便，不易残留。缺点是呈碱性，对皮肤有一定的刺激性
2		月桂酸钠	
3		肉豆蔻酸钠	
4		硬脂酸	
5		棕榈酸	
6		氢氧化钾	
7		甲基椰油酰基牛磺酸钠	以牛磺酸为原材料，刺激性非常小，清洁力较强
8		C14-16 烯烃磺酸钠	清洁力较强，是月桂醇硫酸酯钠的替代成分，脱脂力高，对敏感性皮肤的刺激性并没有得到改善
9		月桂醇硫酸酯钠	清洁力强，分子较小，易残留；刺激性强，不适合敏感性皮肤使用
10		月桂醇聚醚硫酸酯钠	清洁力较强，该成分是通过改进月桂醇硫酸酯钠制成的，虽然残留性和刺激性得到很大程度的改善，但是不适合敏感性皮肤使用。易发泡，常用于洗发产品中
11		月桂醇聚醚-5 羧酸钠	结构类似肥皂，对环境的负担小，是一种温和的清洁成分，即使在弱酸的环境中也能发挥清洁力

（续表）

序号	分类	成分名称	成分介绍
12	清洁	月桂酰基甲基氨基丙酸钠	清洁力较弱，属于氨基酸系表面活性，刺激性小，呈弱酸性，稳定性强，常用于洗发产品中
13		月桂酰天冬氨酸钠	属于氨基酸类表面活性剂，起泡系性能优良，可以降低其他表面活性剂的刺激性
14		月桂基羟基磺基甜菜碱	属于两性离子型表面活性剂，在酸碱条件下均有优良的稳定性。刺激性小，易溶于水，泡沫多，去污力强
15		月桂基葡糖苷	属于非离子型表面活性剂，性质温和，脱脂力强，可以提高洗发水的清洁力
16		月桂醇磺基琥珀酸酯二钠	非常温和的磺基琥珀酸盐表面活性剂，具有优异的发泡能力，常用于膏霜类清洁剂
17		椰油酰甘氨酸钾	属于阴离子型表面活性剂，由椰子油脂肪酸和甘氨酸合成。泡沫量丰富且稳定，洗后皮肤温和不紧绷，有滑爽感
18		椰油酰基谷氨酸TEA 盐	属于氨基酸型表面活性剂，刺激性低，温和清洁，适合敏感性皮肤使用
19		椰油酰氨基丙酸钠	是一种温和的氨基酸表面活性剂，适用于婴幼儿和敏感性皮肤
20		椰油酰胺丙基甜菜碱	属于两性离子型表面活性剂，特别温和，通常用于制作温和的洗发水或婴儿用的香皂，可以减轻阴离子型表面活性剂的刺激性
21		椰油酰谷氨酸二钠	属于氨基酸类表面活性剂，清洁能力强，润湿力好，对皮肤温和
22		PG-20 甘油三异硬脂酸酯	属于非离子型表面活性剂。可以作为卸妆乳化剂使用，也可以添加在洗发水中起到清洁作用
23		PG-150 二硬脂酸酯	
24		甘油	具备高保湿性，是护肤品的主要成分，对皮肤的刺激性较弱
25		1,3-丁二醇（BG）	刺激性低，敏感性皮肤适用；使用起来清爽不黏腻。除此之外，它还有抑制细菌繁殖的能力，在护肤品中起到防腐的作用
26		1,2 丙二醇（PG）	脂溶性很高，容易刺激皮肤，要谨慎使用

（续表）

序号	分类	成分名称	成分介绍
27		尿囊素	可以促进皮肤和毛发最外层的吸水力，能使皮肤保持滋润
28		丁二醇	是质地温和的多元醇类，常作为小分子保湿成分应用于护肤品中
29		β-葡聚糖	可分为酵母葡聚糖和燕麦葡聚糖，具有良好的保湿和舒缓效果
30		油橄榄果油	是从油橄榄鲜果中提取到的天然油脂，极易被人体吸收，具有滋润作用，广泛用于护肤素、洗发水和膏霜类护肤品
31		1,2-戊二醇	具有优异的保湿性能，还有一定的防腐效果，所以常用于不添加防腐剂的护肤品中
32		1,2-己二醇	具有杀菌和保湿的功效，广泛应用于不添加防腐剂的护肤品中。但是如果添加量超过一定的限度，可能会刺激皮肤，要谨慎使用
33		氨基酸类	氨基酸类物质具有亲水性，通常作为保湿成分使用，包括丙氨酸、甘氨酸、丝氨酸、精氨酸、亮氨酸、天冬氨酸、羟脯氨酸
34	保湿	透明质酸钠	
35		乙酰化透明质酸钠	属于糖胺聚糖，经典的保湿成分，在与水混合时会形成凝胶，锁住水分
36		水解透明质酸	
37		甜菜碱	
38		谷氨酸钠	这两种物质都具有亲水性，通常作为保湿成分使用
39		矿物油	不易被皮肤吸收，可以停留在皮肤表面，防止水分蒸发；刺激性小，被广泛应用于化妆品中
40		角鲨烷	鲨鱼的肝脏、橄榄油和甘蔗都含有角鲨烷，它可以有效锁住水分，防止皮肤水分蒸发。使用时清爽不黏腻，而且不易氧化，状态稳定
41		凡士林	不易氧化，可以防止皮肤水分蒸发。刺激性小，适合干性皮肤使用
42		海藻糖	
43		蔗糖	属于糖类和糖类衍生物，具有亲水性，通常作为保湿成分使用，几乎没有刺激性
44		山梨糖醇	

（续表）

序号	分类	成分名称	成分介绍
45	保湿	神经酰胺 1/ 神经酰胺 EOS	天然存在于人类皮肤中，可以发挥屏障功能，保持皮肤水分，保护皮肤免受外界刺激，改善皮肤干燥、脱屑和粗糙等。皮肤屏障受损时，可以通过外部补充神经酰胺来修复。数据表明衰老皮肤和敏感性皮肤中都会缺乏神经酰胺
46		神经酰胺 2/ 神经酰胺 NS	
47		神经酰胺 3/ 神经酰胺 NP	
48		神经酰胺 6 Ⅱ / 神经酰胺 AP	
49		神经酰胺 9/ 神经酰胺 EOP	
50		神经酰胺 10/ 神经酰胺 NDS	
51	控油	水杨酸	存在于自然界的柳树皮、白珠树叶和甜桦树中，对炎性痘痘具有一定的消炎抗菌作用
52		霍霍巴籽油	可以在皮肤表面形成一层非常薄的透气膜，在不阻隔气体的情况下减少表皮水分的流失，肤感清爽不油腻
53		维 A 酸（视黄酸）	可调节角质形成细胞的增殖和分化，减少皮脂腺细胞的数量，从而减少皮脂分泌，还能起到缓解痤疮的作用
54		薰衣草	薰衣草具有抑制细菌，平衡油脂分泌的作用
55		氧化锌	氧化锌可以吸附游离脂肪酸，游离脂肪酸是造成氧化和刺激的最关键的物质
56		二氧化硅	也叫无水硅酸。氧化硅是多孔结构，具有十分优异的吸油性，但是它的使用感又非常清爽，能够起到减轻黏腻感的功效
57		生育酚磷酸酯钠	它是极少数水溶性维生素 E 衍生物，在体内具备极强的抗氧化能力。除抗氧化外，它还具有抗炎的功效，能够改善皮肤的粗糙程度
58	温和	甘草酸二钾	提取自甘草，具有抑菌、消炎和抗敏等多种功效，减轻皮肤刺激和敏感
59		泛醇	有保湿的效果，可以修护屏障受损的皮肤
60		寡肽 -1	由甘氨酸、组氨酸、赖氨酸等组合而成，属于一种合成的多肽，可以修护受损皮肤和敏感性皮肤

（续表）

序号	分类	成分名称	成分介绍
61	温和	红没药醇	存在于罗马洋甘菊中，具有抗炎抑菌、舒缓皮肤的作用
62		积雪草提取物	可以提高皮肤的屏障功能，主要用于抗敏舒缓、晒后修护等
63		马齿苋提取物	提取自马齿苋，常作为蔬菜食用。在护肤品中可以起到消炎、缓解皮肤敏感的作用
64		金盏花提取物	具有抗炎抗菌的作用，特别对葡萄球菌和链球菌的效果较好
65		羟基积雪草甙	可以有效镇静皮肤，减少肌肤炎症，并且帮助修护受损和敏感的皮肤
66	提亮	烟酰胺	烟酰胺是维生素 B3 的衍生物，被称为万能型美肌维生素，是一种非常稳定且温和的成分，被广泛应用于各种护肤品，如面膜、精华、眼霜、乳液、面霜、护手霜和身体乳中。烟酰胺主要有五大功效：控油、改善痘痘、收敛毛孔、强化皮肤屏障和改善色素沉着
67		熊果苷	熊果苷提取自熊果叶，它能够对制造黑色素的关键组成部分——酪氨酸酶产生作用，从而达到抑制黑色素的效果。另一种名为 α- 熊果苷的成分也被用于护肤品中
68		母菊提取物	也叫母菊 ET。内皮素会促成黑色素的产生，母菊提取物能够抑制内皮素传递制造更多黑色素的错误指示，它是一种提取自菊科植物母菊的美白成分
69		曲酸	它能够对制造黑色素的关键组成部分——酪氨酸酶产生作用，从而达到抑制黑色素的效果
70		鞣花酸	鞣花酸存在于秘鲁的豆科植物刺云实、草莓、苹果中，是单宁的一种，它能够对制造黑色素的关键组成部分——酪氨酸酶产生作用，从而达到抑制黑色素的效果
71		亚油酸	亚油酸属于不饱和脂肪酸的一种，红花中存在大量的亚油酸。它能够对制造黑色素的关键组成部分——酪氨酸酶产生作用，从而达到抑制黑色素的效果
72		光果甘草根提取物	具有抗炎和抑制酪氨酸酶活性的作用，从而减少黑色素生成

（续表）

序号	分类	成分名称	成分介绍
73	提亮	传明酸（凝血酸）	可以间接抑制酪氨酸酶和黑色素细胞的活性，阻断黑色素合成的途径，达到美白效果
74		抗坏血酸葡糖苷	属于维生素 C（抗坏血酸）衍生物。当它被皮肤吸收时，磷酸会从皮肤中脱离，剩下的维生素 C 可以起到抑制黑色素的作用，因此被称为即效型维生素 C
75		抗坏血酸磷酸酯镁、抗坏血酸磷酸酯钠	属于维生素 C 衍生物。当它被皮肤吸收时，磷酸会从皮肤中脱离，起到抑制黑色素的作用，因此被称为即效型维生素 C
76	抗衰	视黄醇	视黄醇在一定程度上可以促进表皮透明质酸生成，改善皱纹
77		玻色因	可以改善组织形态和提升胶原纤维、弹性纤维和透明质酸的含量，从而起到紧致抗皱，延缓皮肤衰老的作用
78		依克多因	依克多因不仅可以镇静和舒受损的皮肤，还能增加皮肤弹性，减少皱纹、改善皮肤粗糙
79		生育酚视黄酸酯（维生素 A、E 衍生物）	这种成分是将维生素 A 和维生素 E 结合在一起产生的，它同时具备维生素 A 改善皱纹的功能和维生素 E 的抗氧化功能
80		视黄醇棕榈酸酯	是视黄醇的一种衍生物，比视黄醇更加温和，容易被皮肤吸收。其一方面可以防止真皮层胶原蛋白分解，避免产生新的皱纹；另一方面可以促进真皮层胶原蛋白合成，改善已形成的皱纹
81		阿基瑞林	可以降低面部肌肉收缩程度，从而改善皱纹
82		油橄榄叶提取物	油橄榄叶提取物中含有的羟基酪醇是强力的抗氧剂，能增强皮肤弹性，有效减缓皮肤老化
83		蓝铜肽	天然存在于人类的血浆、尿液、唾液和脑脊液中。能够有效促进胶原蛋白和弹性蛋白的生成，起到修护皮肤，改善皮肤弹性和抗衰老的作用
84		二裂酵母发酵产物溶胞产物	可以促进 DNA 修复，有效保护皮肤不受紫外线的损伤，预防皮肤光老化，还能捕获自由基，抑制脂质的过氧化，起到美白、抗衰老的作用
85	抗氧化	抗坏血酸(维生素 C)	维生素 C 是一种水溶性的自由基清除剂，可以清除体内自由基，具有抗氧化的作用

（续表）

序号	分类	成分名称	成分介绍
86	抗氧化	生育酚（维生素E）	维生素E是一种高效抗氧化剂，保护生物膜免于过氧化物的损害，改善皮肤血液循环
87		虾青素	虾青素是一种抗氧化剂，具有极强的抗氧化能力，它能够吸引自由基未配对电子或向自由基提供电子，从而清除自由基，起到抗氧化的作用
88		茶叶提取物	茶叶提取物中的茶多酚有抗氧化的作用，其清除活性氧自由基的能力要强于维生素C和维生素E，可以延缓皮肤衰老
89		咖啡因	天然存在于咖啡枝叶和茶叶中，有极好的抗氧化、紧致肌肤等功效。其可以通过收缩血管来减少供血，从而消除浮肿，特别是和维生素K搭配使用时，可以起到祛除血管型黑眼圈的作用
90		生育酚乙酸酯	是维生素E的一种衍生物，稳定性好，具有抗氧化性。通过防止不饱和脂肪酸被氧化，可以起到延缓衰老的作用
91		麦角硫因	是自然界中一种稀有的天然氨基酸，具有较强的抗氧化作用，可以有效防护紫外线辐射造成的损伤
92		辅酶Q10	也叫泛醌，是参与人体能量代谢的重要组成部分，具有抗氧化的作用
93		富勒烯	富勒烯形状类似于足球，由碳元素组成。抗氧化能力比较强，在紫外线的照射下仍具有稳定的抗氧化能力
94		对羟基苯乙酮	天然存在于菊科植物中，其含有的羟基团具有抗氧化性和抑菌性，对真菌有效
95	去角质	柠檬酸	提取自柠檬，属于果酸的一种。可以软化角质，加快角质更新，改善皮肤粗糙，起到去角质的作用
96		海盐	含有丰富矿物质，在皮肤上按摩可以去角质，增加血液循环。在洗发产品中可以用于去头皮屑
97	防腐剂	苯氧乙醇	主要抑制细菌，对真菌的抑制效果较弱。属于低刺激性的准用防腐剂，在护肤品中使用非常广泛
98		山梨酸	可从花楸浆果中提取，也可以人工合成。对于霉菌等好气性菌有显著的抑制作用，是目前应用最广泛的防腐剂之一
99		苯甲酸钠	通过抑制微生物的活性，起到防腐的作用
100		山梨酸钾	具有很强的抑制腐败菌和霉菌的作用，易溶于水且毒性极低

第三篇

用对：
正确护肤的7个步骤

CARE

第四章
正确护肤为什么是7步

　　顺序不对，产品浪费。正确的护肤顺序可以使产品效果更好，错误的护肤顺序可能会导致产品相互影响，甚至让护肤功效归零。我们将正确的护肤流程分为7步，每一步护肤都有其独特的作用。

第一节　正确护肤的7个步骤是什么

在了解正确护肤的 7 个步骤之前，我们先来了解一下精准护肤的
6 个先后。

1. 先清后护：清洁是前提，护理是后续。

2. 先通后补：毛孔不疏通，营养吸收难。

3. 先水后养：水是影响角质层吸收的最大因素，角质层的充分水
合可以促进后续营养的吸收。

4. 先稀后稠：先用质地较稀的水、精华；再用质地较稠的乳液、
面霜。

5. 先点后面：用完化妆水后，先局部使用有祛痘、淡斑、去黑眼
圈等功效的产品；再全脸使用乳、霜、防晒等产品。

6. 先短后长（面膜除外）：先用在面部停留时间短的，易蒸发的护
肤品；再用在面部驻留时间长的，有封闭效果的护肤品。

如果你先用乳后用水，角质层没有进行水合作用，会导致乳液吸收
损失 90% 以上。同时乳液中含有的油脂阻碍了水分的吸收，让水的吸
收几乎为零。仅仅是一个使用顺序出现错误，都可能让护肤几乎等于白
做，不仅浪费了钱，还影响皮肤状态。同理，后续护肤品的吸收也几乎
为零。所以顺序决定吸收，顺序也是影响护肤品吸收效果的七大核心因
素之一。按照精准护肤的 6 个先后，我们将护肤分为 7 个步骤。

一　早上护肤的7个步骤

早第 1 步——洁面：清除夜间面部油脂和纤维等。

早第 2 步——护肤水：打开皮肤吸收通道，快速补充流失的水分和营养。

早第 3 步——精华：进入皮肤深层，补充丰富的营养。

早第 4 步——眼霜：为脆弱的眼周皮肤补充营养，并抵抗汽车尾气等外部伤害。

早第 5 步——乳液：质地稍厚，营养更丰富，滋养皮肤，承上启下。

早第 6 步——面霜：质地最厚，营养最丰富，长效养肤一整天。

早第 7 步——防晒：阻挡皮肤老化的元凶——紫外线，为肌肤做好防护。

二　晚上护肤的7个步骤

晚第 1 步——卸妆：溶解并清除彩妆和灰尘等。

晚第 2 步——洁面：二次清洁，疏通毛孔，打开皮肤吸收通道。

晚第 3 步——面膜：洁面后毛孔张开，营养更易吸收，修复白日损伤。

晚第 4 步——护肤水：打开皮肤吸收通道，快速补充流失的水分和营养。

晚第 5 步——精华：进入皮肤深层，补充丰富的营养。

晚第 6 步——眼霜：为脆弱的眼周皮肤补充营养。

晚第 7 步——面霜：整夜补充营养，修复白日受损的肌肤。

第二节　正确护肤为什么是7步，
6步或8步不行吗

精准护肤为什么是 7 步？

精准护肤和护肤不到位的人在短时间内可能看不出来差异，但是时间一长，差异就会显现。护肤少于 7 步会导致一些护肤品无法发挥最大功效，比如只补水不锁水，无法改善皮肤的干燥状态，而皮肤的吸收能力是有限的，如果护肤多于 7 步，叠涂过多的护肤品，皮肤无法完全吸收，残留的物质会堆积在皮肤表面，造成毛孔堵塞，给皮肤增加负担。

一　早上7步

洁面

皮肤经过一夜的新陈代谢，分泌的油脂堆积在皮肤表面，且油脂本身就有"黏附"现象，会黏附空气中的灰尘、枕头上的头屑、油脂、螨虫等，这些都是用清水洗不掉的，所以早上洗脸这一步不能省。

护肤水

洗完脸后，皮肤的油脂和灰尘等同时都被洗掉了，皮肤也失去了保护层——皮脂膜。如果不做后续的护理，皮肤会变得干燥，带来皮肤起皮、出油、敏感等一系列的问题。所以，洗完脸后紧接着要做的是给角质层补水。补水效果最好的护肤水是爽肤水，其成分简单，易被吸收，可以迅速给角质层增加湿度。如果没有给角质层补水的过程，后续护肤品的营养很难吸收。所以第二步补水是不可缺少的。

○─ 精华

补水后不用其他的护肤品可以吗？答案是不可以，因为水是极易蒸发的，在36℃左右的皮肤上更易蒸发。蒸发的过程会加速皮肤本身水分的流失，如果只使用护肤水而没有进行后续护理，皮肤会更干。

补完水后，角质层吸收状态最好，此时皮肤对精华的吸收效果是最好的。此外，水、乳、霜等几乎只能在角质层被吸收，但精华能穿过角质层，也能通过毛孔、汗腺口到达基底层（详见第一篇第一章第一节中的基底层部分）。无论是保湿，还是美白、祛斑、抗衰等功效的精华都能发挥很好的效果。所以精华这步不能省。

○─ 眼霜

整个面部最脆弱的皮肤就是眼周皮肤，其厚度只有两颊皮肤厚度的五分之一左右，所以需要使用专门的产品。眼霜是针对眼周肌肤的特点设计的，是面部护肤品替代不了的，所以眼霜不能省，且从18岁就要开始进行护理（因为防大于治）。

○─ 乳液

前面用的水、精华都是补充到皮肤角质层或基底层，无法起到驻留和封闭的作用。如果不涂抹乳液，前面用过的水和精华就会随着皮肤的皮脂分泌、汗液分泌等迅速蒸发，相当于白用了。要想让其持续起作用，必须涂抹乳液。乳液可以携带比水更多的营养，而且因其质地较厚，能在皮肤上驻留的时间更长，所以作用时间也更长，还能起到"封闭"的作用，阻止水和精华的蒸发。因此，乳液这步不能省。

面霜

用完乳液护肤可以结束了吗？要知道，护肤不仅是为皮肤补充水分，还要补充油分。水、精华等主要是为皮肤补充水分，乳液是早上护肤步骤中的第一个为皮肤补充油分的产品，可以增强皮肤对营养的吸收。乳液的质地没有面霜厚，所含油脂及其他营养物质也没有面霜多，不足以给皮肤提供一整天的营养。同时，面霜质地较厚，对皮肤的保护效果更好，就像给皮肤穿了一层外衣，这点对干性皮肤、敏感性皮肤尤为重要。所以面霜这步不能省。

防晒

紫外线是皮肤的衰老第一杀手，占皮肤老化因素的80%左右，如果不防晒，皮肤不但会晒黑，还会老化，防晒才是保持年轻的关键方法。戴帽子、打遮阳伞等纯物理防晒，只能阻挡直射紫外线，无法遮挡地面、各类物体等折射和散射的紫外线（详见第一篇第二章第一节中的氧化部分），所以必须涂抹防晒霜，并且要每隔2~3小时补涂一次，这样才能守住青春好皮肤。所以防晒这步不能省。

护肤每少一步，会导致其他各步效果大打折扣，而多做一步，又会给皮肤造成负担。因此7步是比较合理、科学、精准的做法。

二 晚上7步

同样的道理，晚上护肤的7步每一步也都有其必要性，一步都不能少，也没必要再多。

○─ 卸妆

为了让皮肤更好看，让妆容更持久，彩妆中会添加色素、颜料、粉末等，如果晚上不卸妆或卸妆不到位，就会产生色素沉淀、毛孔堵塞、皮肤缺水、黑头增多、闭合粉刺反复等一系列问题。而洗面奶的功效是清洁皮肤油脂，其色素清洁力远低于卸妆类产品，所以洗面奶不能用于卸妆。卸妆类产品专门添加了可以溶解色素、颜料、粉末这类物质的成分，可以有效卸除彩妆。这步是不可缺少的。若白天未化妆，此步则可省略。

○─ 洁面

卸妆后使用洗面奶进行二次清洁，可以避免强清洁力的成分在脸上残留，持续刺激皮肤。一些产品宣传可以不用二次清洁，但还是建议用洗面奶洗去强清洁力的成分。因此，这一步也是必不可少的。

○─ 面膜

在成分相同的情况下，护肤品在脸上驻留的时间越长，效果越好。面膜的膜布作为一个载体，可以让精华液在皮肤上停留更长时间，所以面膜的护理效果也是非常出色的。皮肤在白天经受了风吹、日晒、汽车尾气等各种考验，此时需要快速修护，而面膜驻留性强，是给皮肤提供"修养生息"的最佳护肤品。

晚上护肤后面几步分别为护肤水、精华、眼霜、面霜，其原理与早上护肤原理一样，此处不再赘述。

注意：晚上省略了乳液，是因为面膜替代了一部分乳液的功能，最后直接用面霜锁住其他功效成分即可。

第三节　早上护肤

皮肤在白天要面对各种外界刺激，如紫外线、大气污染和灰尘等，这些有害物质附着在皮肤表面会堵塞毛孔，阻碍新陈代谢，长时间下来会加快皮肤老化的步伐。本节主要讲述的是早上护肤7步具体如何进行，如常见的护肤品类、不同肤质如何选择适合自己的护肤品，以及每个步骤的正确护肤方法。

一　早上第1步：洁面

不论是室外的污染物，还是室内的细菌和粉尘，都会堵塞毛孔，妨碍皮肤的新陈代谢功能，使细菌快速繁殖，加速肌肤老化。因此不论年龄、肤质差异，每个人都应养成正确的洗脸习惯。

常见的洁面品类

洁面产品主要包括皂基型和氨基酸型两大类，皂基型洗面奶清洁力强于氨基酸型洗面奶，但是前者刺激性较强，不适合长期使用。

皂基型和氨基酸型洁面的判断方法

（1）氨基酸型洁面的清洁力比皂基型弱，油脂分泌旺盛的人可以偶尔使用皂基型洁面，日常还是要用氨基酸型洁面温和清洁。当洗面奶的成分表中出现以下4种标识时，就可以判定该产品含有皂基成分。

①直接标识"皂基成分"

例：皂基坯、钾皂坯、含钾皂坯等。

②标识"反应后的成分名称"

例：肉豆蔻酸钠、硬脂酸钠、月桂酸钠、棕榈酸钠、油酸钠、肉豆蔻酸钾、硬脂酸钾、月桂酸钾、棕榈酸钾、油酸钾等。

③标识"脂肪酸 + 碱性试剂"

例：油酸、肉豆蔻酸、硬脂酸与氢氧化钾组合；月桂酸、肉豆蔻酸、硬脂酸与氢氧化钠组合等。

④标识"油脂 + 碱性试剂"

例：油橄榄果油、氢氧化钾；马油、氢氧化钾；棕榈油、氢氧化钾；椰油、氢氧化钠等。

（2）产品成分表的前排如果出现"月桂酰 / 椰油酰 + 甲基氨基丙酸纳 / 谷氨酸纳 / 天冬氨酸钠"等组合，就可以判断该产品是氨基酸型洁面。

✿ 常见的洁面产品

常见的洁面产品如表4-1所示。

表 4-1　洁面产品不同品类对比

品类名称	特性
洗面奶	洗面奶是最常用的一种清洁产品，分为泡沫型与微泡沫型。这类产品对水溶性污垢的清洁能力比较强
洁面皂	属于皂化的产品，其配方大多数偏碱性，去油脂的能力强，洗完非常清爽。但是水分蒸发时，皮肤容易干燥紧绷，就算其中添加了保湿润肤的成分，也不能改变其碱性的本质。所以洁面皂只适合健康的油性皮肤使用，干性皮肤、敏感性皮肤和脸上长痘的皮肤忌用
洁面泡沫	洁面泡沫挤出来就是泡沫，比较方便。但是由于它是依靠物理泵头起泡的，并不是依靠产品本身的起泡力，所以洁面泡沫的清洁力并不强，但是温和度很高，适合敏感性皮肤使用

（续表）

品类名称	特性
洁面粉	洁面粉可以理解为是洗面奶的固体状态，大多是单独的一小颗包装，这样能尽量保证有效成分的新鲜度和活性，属于比较温和的洁面产品，适合健康的油性皮肤使用
洁面露／霜／膏	洁面露与洗面奶成分相同，只是质地不同

在选择洁面产品时，也要考虑产品的清洁能力和温和度（见图 4-1）。

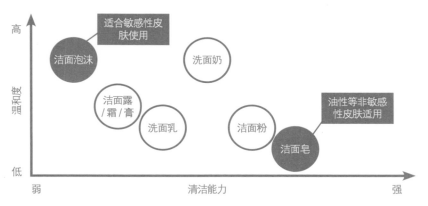

图4-1　洁面产品的清洁能力和温和度对比图

不同肤质如何选择适合自己的洁面

不同肤质如何根据质地选择洁面产品可以参考表 4-2。

表 4-2　不同肤质如何根据质地选择洁面产品

肤质	洗面奶	洁面皂	洁面泡沫	洁面粉	洁面露／霜／膏
干性皮肤	√	×	√	×	×
油性皮肤	√	√	×	√	√

（续表）

肤质	洗面奶	洁面皂	洁面泡沫	洁面粉	洁面露/霜/膏
混合性皮肤	√	×	×	×	√
敏感性皮肤	√	×	√	×	×

我们也可以根据成分，选择适合自己的洁面产品。

干性皮肤推荐成分：椰油酰谷氨酸钠、月桂酰基甲基氨基丙酸钠、椰油酰两性基乙酸钠等。

油性皮肤推荐成分：月桂醇聚醚羧酸钠、椰油酰甲基牛磺酸牛磺酸钠、硫基琥珀酸钠等。

混干性皮肤推荐成分：椰油酰谷氨酸钠、月桂酰基甲基氨基丙酸钠、月桂醇聚醚羧酸钠等。

混油性皮肤推荐成分：月桂酰基甲基氨基丙酸钠、月桂醇聚醚羧酸钠、椰油酰甲基牛磺酸牛磺酸钠等。

敏感性皮肤推荐成分：椰油酰胺丙基甜菜碱、椰油酰两性基乙酸钠、椰油酰谷氨酸钠，同时搭配抗敏成分，如洋甘菊、甘草、尿囊素、甘菊蓝等。

不管什么肤质都要警惕以下成分：钠皂、钾皂、月桂醇聚醚硫酸酯钠、烯烃磺酸钠、月桂醇硫酸酯钠，这些成分清洁力强，但刺激性也很强，不适合长期使用；十二烷基硫酸钠（SLS）和聚氧乙烯烷基硫酸钠（SLES），这些成分是去脂力极强的表面活性剂，对皮肤的刺激性很大。

清洁成分的清洁力和刺激性如前文图3-13所示。

正确洁面

洁面在早间护肤流程中是第1步，在晚间护肤流程中是第2步。

| 清除夜间面部油脂和纤维等 | 早第1步 | 洁面 | 晚第2步 | 二次清洁，疏通毛孔，打开皮肤吸收通道 |

✿ 毛巾、洗脸巾和手，哪种洗脸方式更好

毛巾比较粗糙，可以通过摩擦带走面部残余污垢，但是摩擦力比较大，长期使用会对面部的皮肤造成损伤。特别是对于敏感肌来说，重复的使用毛巾，容易产生细菌。洗脸巾的布料相对柔软，摩擦力相对较小，也能够带走面部残余的污垢。洗脸巾一般是一次性的，只要不二次使用，就不用担心会有细菌滋生。用手洗脸也能洗干净，但是没有洗脸巾洗的彻底，而用手配合洁面产品洗脸摩擦力最小。总结下来，当面部的皮肤比较敏感时，可以用手洗脸，油皮和干皮则推荐使用洗脸巾。洗脸之后要及时将面部的水分拭干，防止水分蒸发时带走皮肤原有的水分。

✿ 洁面产品有美白、祛痘或抗衰老的功能吗

洁面产品在皮肤上停留的时间非常短，主要的作用是清洁皮肤，属于洗去型产品，像美白、祛痘、抗衰老这些功效成分，往往需要一定的时间渗透到皮肤深层才能够起作用（详见第一篇第一章第一节中的基底层部分），也就是说一般只有驻留型产品，如精华、乳液、面霜才能够起到美白、祛痘、抗衰老等作用。

✿ "二次清洁"有必要吗？

粉底液中含有多种油性物质，这类彩妆污垢在化妆当天需要彻底卸妆，但卸妆类产品并不能完全去除污垢和剥离角质，所以卸妆之后必须要洗脸。而且洗面奶可以清洁掉卸妆产品中的强清洁力成分，避免其持

续刺激皮肤。

✿ 过度清洁的危害

过度清洁是许多皮肤问题的元凶。皮肤自身的修复过程需要三个要素正常分泌：皮肤表面上覆盖的皮脂、细胞间脂质（主要成分是神经酰胺）和天然保湿因子（NMF）。其中，皮脂可以防止水分蒸发，细胞间脂质主要起到天然屏障的作用，而皮肤本身的天然保湿因子可以起到非常好的保湿作用。但是过度清洁会使这三种要素减少，使皮肤的天然屏障和保湿系统丧失原有的功能。这不仅会导致皮肤干燥，还会导致皮肤为平衡水油而过度分泌油脂，也就是敏感性皮肤或油性皮肤。所以过度清洁并不能使皮肤保持清爽的状态，反而会引发皮肤出油或干燥、皮肤粗糙的问题。清洁时应当选用清洁力比较温和的洁面产品。

✿ 磨砂、泥浆、火山灰的洁面真的适合"大油田"吗？

通常"大油田"会倾向于选择磨砂类或火山灰类等具有吸附功能的洁面。但是这种吸附型洁面不仅会洗掉皮脂，还会清除皮肤上的滋润成分，皮肤角质层越洗越干，为了平衡水油，皮肤会分泌更多的油脂。最终导致皮肤里面非常干，却还是满面油光。

二　早上第2步：护肤水

护肤水能够收敛皮肤毛孔，也有其他不可或缺的作用。比如：二次清洁，有些护肤水中含有酒精或剥脱角质的酸类成分，可以溶解面部堆积的油脂、污垢，促进老废角质的代谢，让毛孔通畅，有利于后续护肤品的吸收；补水舒缓，护肤水能够给皮肤补充一定的水分，如果里面有积雪草、洋甘菊之类的舒缓成分，能够缓解外界物质对皮脂腺的刺激，使肌肤水润不紧绷。

常见的护肤水

常见的护肤水类型及特性如表 4-3 所示。

表 4-3　护肤水不同品类对比

品类名	特性
保湿水	保湿时间持久且渗透效果好，刺激性低。质地相对黏稠的，如啫喱状、凝胶状的保湿效果会更好
柔肤露	质地浓稠，能够改善皮肤的水油平衡，皮肤吸收后能明显感觉变得光滑，可有效为皮肤补充水分，缓解干燥起皮、发痒等问题
软肤水	除了基础的补水功能，还可以软化角质。当皮肤比较粗糙，涂护肤品不好吸收时，可能是因为角质过厚导致毛孔堵塞，护肤品无法进入皮肤导致的。就像养花一样，先松土再浇水，效果更好。所以使用软肤水可以使角质变得柔软，促进后续的护肤品吸收
活肤水	活肤水中通常会添加各种维生素，可以给肌肤提供营养，起到延缓皮肤衰老的作用
嫩肤露	嫩肤露主要是起到抗氧化和修复的作用
润肤水	使用之后皮肤比较滋润。更适用于干性皮肤，脸部干燥紧绷时，可以用来做湿敷，快速为皮肤补充水分，滋润肌肤
控油水	控油水适合油性或混合偏油性的皮肤使用，脸上长痘也可以使用，因为它可以调节皮脂分泌，里面含有的酒精（化妆品专用，且酒精含量不超过 30%）可以起到消炎的作用。主要成分为酒精、茶树精华、薰衣草精华等
爽肤水	使用之后皮肤比较清爽，油性皮肤和干性皮肤都可以使用，不仅可以用于做二次清洁，调节水油平衡，还能给皮肤补充水分。
收缩水、收敛水、紧肤水	收敛水可以紧致毛孔，控制皮脂分泌。有的收敛水还会添加粉末来吸收多余油脂，有不错的持妆效果，所以适合容易脱妆的人群妆前使用。主要成分为酒精（控油爽肤）、薄荷醇（抗菌消炎）、柠檬酸（促进角质更新）、金缕梅（镇定皮肤）、尿囊素（抗氧化、杀菌）。不仅能补充水分，还能通过酒精的挥发降低皮肤表面温度，从而令毛孔收缩。适用于有毛孔粗大困扰的油性皮肤或混油性皮肤

（续表）

品类名	特性
美白水	美白水中的成分可以起到提亮肤色的效果，但是因为美白成分不够稳定，产品临期或者保存方法不当都容易造成成分失效。敏感性皮肤在选择美白水时，更要选择成分刺激性小的产品

护肤水在质地上还可以分为透明型和乳液型。透明型是常见的护肤水，主要是水溶性成分，可以起到补水的功效。乳液型质地介于护肤水和乳液之间，呈乳白色或半透明状，除了水溶性成分，还添加了油性成分，所以滋润效果好于透明型

不同质地的护肤水有着不同的渗透力，其持久性也不同。如爽肤水呈液态，渗透力强，能够快速进入皮肤角质层，但是易蒸发，所以持久性差；而柔肤露质地相对浓稠，分子大，所以无法快速渗透到皮肤内，但是却能够携带着水中的营养物质长时间停留在皮肤表面，保护皮肤，持久性较好，如图 4-2 所示。

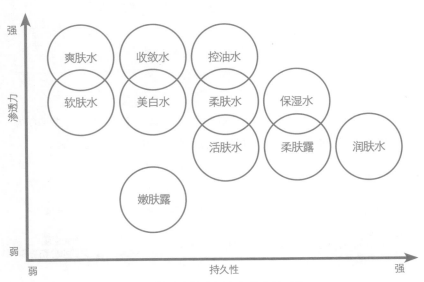

图4-2　护肤水的渗透力和持久性对比

不同肤质如何选择适合自己的护肤水

不同肤质可以参考表 4-4 选择护肤水。

表 4-4　不同肤质如何选择护肤水

肤质	保湿水	柔肤露	软肤水	活肤水	嫩肤露	润肤水	控油水	爽肤水	收缩水、收敛水、紧肤水	美白水
干性皮肤	√	√	√	√	√	√	×	√	×	√
油性皮肤	×	×	√	√	×	×	√	√	√	×
混合性皮肤	×	×	√	√	×	√	√	√	√	×
敏感性皮肤	√	√	√	√	√	√	×	√	×	√

我们也可以根据成分选择适合自己的护肤水（详见第二篇第三章第四节"护肤品的 8 种常见功能"）。

干性皮肤推荐成分：吡咯烷酮羧酸钠、山梨糖醇、甘油。

油性皮肤推荐成分：酒精（护肤品专用）、薄荷醇、柠檬酸、薰衣草精华、茶树精华、乙醇、1,2- 戊二醇、1,3- 丙二醇、1,3- 丁二醇。

混干性皮肤推荐成分：山梨糖醇、双丙甘醇。

混油性皮肤推荐成分：金缕梅、尿囊素、双丙甘醇、1,2- 戊二醇、1,3- 丙二醇、1,3- 丁二醇。

敏感性皮肤推荐成分：甘油和 1,3- 丁二醇（在选择美白类护肤水时，敏感性皮肤要警惕酸类和刺激性很强的美白成分，如维生素 C）。

正确使用护肤水

护肤水在早间护肤流程中是第 2 步，在晚间护肤流程中是第 4 步。

打开皮肤吸收通道，快速补充流失的水分和营养	早第 2 步	护肤水	晚第 4 步	打开皮肤吸收通道，快速补充流失的水分和营养

三　早上第3步：精华

精华是我们护肤中非常重要的一步，因为精华功效性比较强，能进入肌肤深层。但很多人总是忽略了这一步，认为护肤就是水乳霜足以。与水乳不同，精华都是小分子结构，更容易通过表皮层，深入肌肤，给予更深层的滋养，实现从内而外改善肤质，所以精华有更好的功效性。

常见的精华品类

根据功效的不同，精华主要可以分为以下五大类：保湿精华、抗氧化精华、修护精华、美白精华和抗衰老精华。如图 4-3 所示。

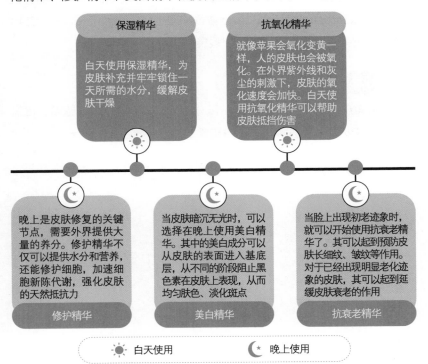

图4-3　精华功效一览

○─ 正确使用精华

精华在早间护肤流程中是第 3 步，在晚间护肤流程中是第 5 步。

进入皮肤深层，补充丰富的营养	早第 3 步	精华	晚第 5 步	进入皮肤深层，补充丰富的营养

四　早上第4步：眼霜

在精华后使用眼霜效果更佳。由于眼周的皮肤皮脂分泌少，而且是全身最薄的皮肤，锁水力弱，所含的胶原蛋白、弹力蛋白较少，容易比其他部位更早出现干燥和皱纹，所以眼周护理对护肤品要求也很高。我们应该在眼部出现衰老迹象之前就做好护理工作，防大于治，坚持使用眼霜可以有效预防皱纹、黑眼圈和眼袋等眼部问题。

○─ 常见的眼霜品类

根据功效的不同，眼霜主要可以分为以下五大类：滋润眼霜、抗氧化眼霜、修护眼霜、去黑眼圈眼霜和紧致眼霜，如图 4-4 所示。

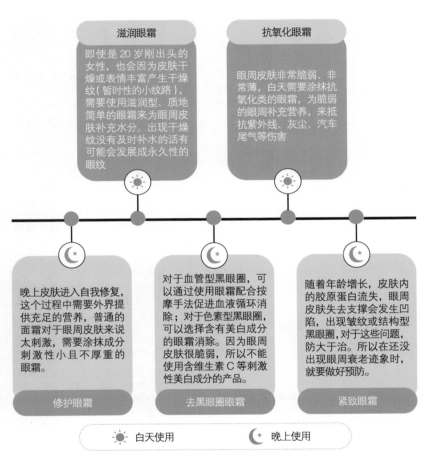

图4-4　眼霜功效一览

黑眼圈的类型及护理策略

常见黑眼圈类型及护理策略如表 4-5 所示。

表 4-5　常见黑眼圈类型及护理策略

类型	形成原因	护理策略
熬夜型黑眼圈	熬夜型黑眼圈主要是由疲劳造成的静脉血液循环变慢导致的，排毒代谢变慢，再加上代谢废物堆积，形成血瘀	这种黑眼圈可以通过热敷缓解。可以用剥了壳的热鸡蛋在黑眼圈处滚动，促进血液循环
血管型黑眼圈	血管型黑眼圈是最为常见的一种黑眼圈。轻按下眼睑，黑眼圈颜色变淡，这种黑眼圈偏向于血管型黑眼圈。这类黑眼圈的形成主要是因为眼周血液循环变差，一般呈蓝色或者紫色，改善血液循环就会得到缓解	这种黑眼圈的根本原因是血液循环不好，并不是色素沉着造成的，所以使用美白类的功效眼霜是没有用的。但是可以通过使用含有生育酚乙酸酯、视黄醇、咖啡因、维生素 K 和茶多酚等成分的产品来促进血液循环。过敏性皮肤和眼部皮肤比较薄的人，不能使用含有生育酚乙酸酯的产品。日常还要避免用眼过度，在使用眼霜时配合按摩手法，促进眼周的血液循环
色素型黑眼圈	色素型黑眼圈是指色素堆积在眼周皮肤周围形成的黑眼圈。色素型黑眼圈可能是遗传的，也可能是后天由于清洁不到位或皮肤问题所造成的。经常揉搓眼部也容易加剧眼周皮肤色素沉着	使用美白眼霜，要选择温和不刺激的产品，不能使用含维生素 C 等刺激性美白成分的护肤品，这有可能会让黑眼圈加重。同时也要注意眼周皮肤的防晒，抵御紫外线的二次侵害。清洁时注意手法，不要乱揉眼睛，也不要使用很难卸的眼部彩妆，卸妆时要将眼线、睫毛膏和眼影等彩妆清洁彻底
结构型黑眼圈	结构型黑眼圈是苹果肌下垂、眼眶凹陷、泪沟等造成的	如果是天生眼眶骨凹陷或者泪沟和卧蚕大，那么护肤品可能无法起到很好的作用。如果是随着年龄增长，胶原蛋白流失所造成的凹陷，可以选择使用紧致、抗皱效果比较好的眼霜，同时配合一定的按摩手法来改善凹陷

正确使用眼霜

眼霜在早间护肤流程中是第 4 步，在晚间护肤流程中是第 6 步。

为脆弱的眼周补充营养，并抵抗紫外线和汽车尾气等伤害	早第 4 步	眼霜	晚第 6 步	为脆弱的眼周补充营养

✿ 面霜可以替代眼霜吗

面霜不能代替眼霜，因为眼部皮肤比其他部位皮肤敏感，所以眼部皮肤上不能叠加过多、过厚的护肤品。如果面霜的滋润度比较好，刺激小，而且有抗皱功能，那么这类的面霜可以当作眼霜使用。正常情况下，厚重的面霜会给眼部的皮肤带来负担，所以，在使用眼霜之后，面霜需要避开眼周涂抹。

✿ 眼霜过于厚重会导致脂肪粒吗

有人说当眼霜太厚重，皮肤吸收不了时就会导致毛孔堵塞形成脂肪粒，但其实眼霜和脂肪粒的形成没有直接的关系。脂肪粒是一种真皮层囊肿，与毛囊没有关系，脂肪粒的形成原因有很多，比如皮肤炎症或者过度使用去角质产品时给皮肤造成了微小的创口，这些都能导致脂肪粒形成。含有咖啡因、视黄醇、茶多酚等成分的产品，能够促进脂肪粒代谢。预防脂肪粒，关键要做好皮肤的保湿工作，同时避免眼部皮肤受伤。严重时可以去皮肤科治疗。

五　早上第5步：乳液

○━ 常见的乳液品类

根据功效的不同，乳液主要可以分为以下三大类：保湿乳液、美白乳液、抗衰老乳液，如图 4-5 所示。

图4-5　乳液功效

不同肤质如何选择适合自己的乳液

不同肤质可参考表 4-6 选择乳液。

肤质	保湿乳液	美白乳液	抗衰老乳液
干性皮肤	√（滋润型）	√	√
油性皮肤	√（清爽型）	√	√
混合性皮肤	√（分区护理）	√	√
敏感性皮肤	√（滋润型）	×	√

表 4-6　不同肤质如何选择乳液

干性皮肤：选择质地偏厚重的滋润型乳液，推荐成分有透明质酸、多元醇、多糖类或天然油脂。

油性皮肤：选择质地清爽的控油型乳液，推荐成分有天然保湿因子、葡聚糖、烟酰胺等。

混合性皮肤：可以参照干性和油性皮肤做分区护理。

敏感性皮肤：选择有修复功能的成分，推荐成分有神经酰胺、寡肽、角鲨烷、天然保湿因子等。

正确使用乳液

乳液在早间护肤流程中是第 5 步。

质地较水稍厚，营养更丰富，滋养皮肤，承上启下	早第 5 步	乳液	晚间不使用

乳液和面霜的主要构成成分都是精华、水分和油分，都具有封闭的作用，但是两者又有所不同，乳液以水包油制剂，质地更清爽、更易吸收，含水量很高，可以滋润肌肤、补充水分，防止肌肤水分流失过快。

六　早上第6步：面霜

在乳液后使用面霜锁水保湿，可以使护肤效果最大化。面霜是非常值得投入的护肤单品。为什么敷完面膜、用了护肤水后皮肤还是干燥？因为它们只是润湿了角质层，没有后续锁水就相当于放任水分流失。

常见的面霜品类

面霜分为日霜和晚霜，而且两者是不能完全互相替代的，日霜更注重轻盈和防护，晚霜更注重滋润和修护，两者的对比如图 4-6 所示。

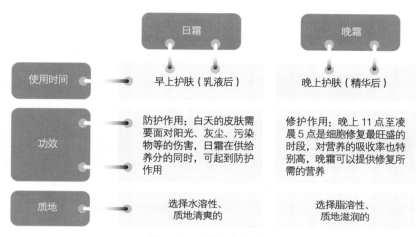

图4-6　日霜和晚霜对比

　　根据功效的不同，面霜主要可以分为四大类：保湿面霜、修护面霜、美白面霜、抗衰老面霜，其不同之处如图4-7所示。

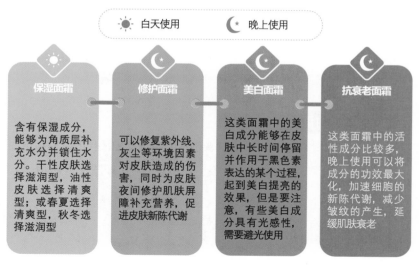

图4-7　面霜功效

以上4种面霜适合所有肤质，关键是要根据自身肤况选择合适的面霜。

○— **正确使用面霜**

面霜在早间护肤流程中是第 6 步，在晚间护肤流程中是第 7 步。

质地最厚，营养最丰富，长效养肤一整天	早第 6 步	面霜	晚第 7 步	整夜补充营养，使白日受损的肌肤尽量修复

七　早上第7步：防晒

○— 常见的防晒产品

✿ 紫外线防护剂

根据原理不同，紫外线防护剂可以分为紫外线反射剂和紫外线吸收剂（见表 4-7）。不同成分紫外线防护剂的刺激性对比如图 4-8 所示。

表 4-7　紫外线防护剂

分类	成分名称	可防御的紫外线		最大含量(%)	刺激性
		UVA	UVB		
紫外线反射剂	二氧化钛	√	√	无上限	☆
	氧化锌	√	√	无上限	☆
紫外线吸收剂	甲氧基肉桂酸乙基己酯		√	20	☆☆
	甲酚曲唑三硅氧烷	√		15	☆☆
	甲氧基肉桂酸辛酯		√	7.5	☆☆☆
	二乙氨羟苯甲酰基苯甲酸己酯	√		10	☆☆☆

（续表）

分类	成分名称	可防御的紫外线		最大含量 (%)	刺激性
		UVA	UVB		
紫外线吸收剂	二苯酮 -4	√	√	10	☆☆☆
	对苯二亚甲基二樟脑磺酸	√		10	☆☆☆
	二苯酮 -3	√	√	6	☆☆☆☆
	丁基甲氧基二苯甲酰基甲烷（阿伏苯宗）	√		3	☆☆☆☆

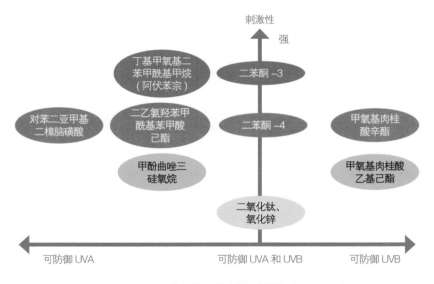

图4-8 紫外线防护剂的刺激性对比

✿ 防晒产品

防晒产品主要分为物理防晒、化学防晒和生物防晒（见图 4-9）。

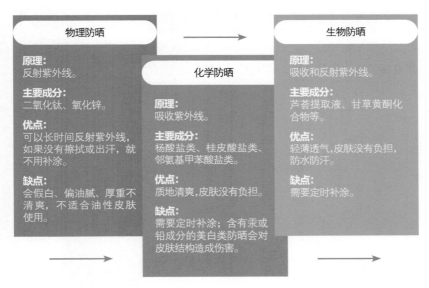

图4-9　防晒产品

根据产品形态的不同，防晒产品主要可以分为以下3种：防晒霜、防晒乳和防晒喷雾。

（1）防晒霜

质地：半固体，质地较厚重。

适合皮肤：干性皮肤。

（2）防晒乳

质地：乳状，有一定的流动性，好推开。

适合皮肤：油性皮肤和混合性皮肤。

（3）防晒喷雾

质地：液态，质地比较清爽，喷出来是极小的水珠。

适合皮肤：油性皮肤、混合性皮肤和敏感性皮肤。

如何选择适合自己的防晒产品

防晒指数越高，防晒效果越好，给皮肤带来的负担也就越重，所以要根据场景选择适合的防晒指数，以免给皮肤造成伤害。（见图4-10）

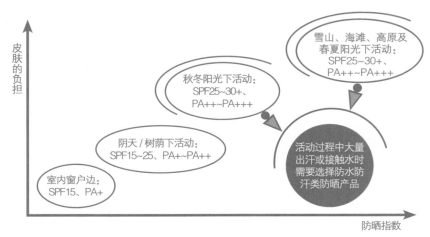

图4-10 防晒产品的指数与皮肤负担对比

正确防晒

乳液在早间护肤流程中是第7步。

阻挡皮肤老化的元凶——紫外线，为肌肤做好防护	早第7步	防晒	晚间不使用

防晒已经成为日常皮肤护理中非常重要的一门功课。大部分人已经认识到了防晒的重要性，有些人也已经做到了不防晒不出门。在购买防晒产品时，大家最关注的还是产品的防晒效果。下面，就让我们一起来了解一下防晒产品上相关标识的含义，学习怎么判断防晒效果吧。

✿ 防晒护肤品指数

（1）SPF值

SPF 是 Sun Protection Factor 的缩写，表示对 UVB 的防御能力。可以防止皮肤被晒伤，数值越高，抵抗 UVB 的效果越好。

（2）PA值

PA 是 Protection Grade of UVA 的缩写，表示对 UVA 的防护能力。可以防止皮肤被晒黑，"+"的数量越多，防御能力越强。

环境不同，使用的防晒产品的指数也应不同（见表4-8）。

表 4-8　不同环境下推荐的防晒指数	
环境	防晒防护指数
室内活动	SPF15，PA+
阴天时室外活动	SPF15~25，PA+~PA++
室外阳光下通勤	SPF25~30+，PA++~PA+++
滑雪、爬山等场景，或春夏秋季阳光下活动	SPF50，PA++++
活动涉及大量出汗或接触水	防水防汗类防晒

✿ 面部防晒和身体防晒的区别

面部防晒和身体防晒的区别主要是由面部和身体的皮肤差异决定的。

面部肌肤比身体其他肌肤更细腻，所以需要肤感更好，成分更温和的防晒产品。除了起到防晒作用，还能帮助缓解彩妆、空气污染物这些不利因素对皮肤的伤害。有的面部防晒还能起到润色、抗氧化的功效。

身体面积较面部更大，使用量也大，更注重延展性。在高倍防晒隔离紫外线的同时，还要具备保湿功效，缓解日晒引起的皮肤干燥。多数身体防晒比面部防晒油腻，肤感不能满足面部皮肤的要求，所以身体防晒产品不能用于面部。

No.

第四节　晚上护肤

　　经过白天环境的刺激，皮肤会受到程度不一的损伤。而且面部不仅堆积了皮肤本身分泌的油脂，还有外界的灰尘颗粒等，会持续伤害皮肤，所以对于晚间护肤，清洁是基础。除此之外，晚上 11 点到凌晨 3 点是人体皮肤新陈代谢最活跃的时间，此时对皮肤进行集中修护，护肤效果更好。下面主要讲述的是晚上护肤 7 步具体如何进行，如常见的护肤品类、不同肤质如何选择适合自己的护肤品，以及每个步骤的正确护肤方法。

一　晚上第1步：卸妆

　　卸妆不对，保养白费！清洁做到位，皮肤就会干净透亮，更有利于后续护肤品的吸收。但若没有做好卸妆工作，残留的彩妆会沉淀在皮肤上，堵塞毛孔。除此之外，彩妆中的化学物质长时间停留在皮肤表面，会阻碍肌肤的自我修复，从而加速肌肤衰老。长此以往，皮肤不仅变得粗糙暗淡，还会出现毛孔粗大，黑头、粉刺、闭口反复等问题。

○─ **常见的卸妆品类**

常见的卸妆产品如表 4-9 所示。

表 4-9　卸妆产品一览（"☆"代表清爽、"+"代表滋润）

品类名称	适用妆容	适合的皮肤类型	特性	清洁力	清爽度
卸妆乳	淡妆	干性皮肤、混合性皮肤、敏感性皮肤	清洁能力有限，但是对皮肤比较温和	+~++	☆☆
卸妆凝露	淡妆	油性皮肤、混合性皮肤	在液态的产品中多加增稠剂就得到了卸妆凝露	+~++	☆☆
卸妆啫喱	浓妆	油性皮肤、混合性皮肤	最常见的是啫喱质地的矿物油	+~++	☆☆
卸妆水	浓妆	干性皮肤、油性皮肤、混合性皮肤	通过表面活性剂清洁皮肤，清洁力强，需要搭配化妆棉使用	++~+++	☆☆☆
卸妆膏	中等	干性皮肤、敏感性皮肤	卸妆能力中等，对皮肤的刺激也小	+++	☆
卸妆油	中等~浓妆	干性皮肤、敏感性皮肤	清洁力高，而且由于天然油脂和人体的皮脂相似，所以对皮肤的伤害较小，使用后皮肤不易干燥	+++	☆

在选择卸妆产品时，除了要根据妆容选择，还需要关注它的温和度，特别是对于敏感性皮肤来说，选择清洁力高、刺激性强的产品容易导致皮肤过度清洁，出现干燥缺水、瘙痒红肿等皮肤问题。图 4-11 所示是常见卸妆产品清洁力和温和度的对比。

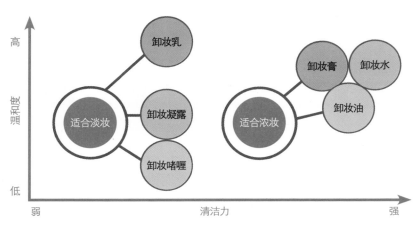

图4-11 卸妆产品清洁力和温和度对比图

注：很多人认为卸妆油的清洁力更强，但其实有的卸妆水清洁力要强于卸妆油。因为水能够携带更多活性物质，所以卸妆水的清洁力会随其中添加的活性物质的含量改变。当活性物质含量较高时，卸妆水的清洁力就会比较高，图 4-11 是基于卸妆水中活性物质较多的情况下进行比较的。

不同肤质如何选择适合自己的卸妆产品

不同肤质可参考表 4-10 选择不同的卸妆产品。

表 4-10 不同肤质如何根据质地选择卸妆

	卸妆乳	卸妆凝露	卸妆啫喱	卸妆水	卸妆膏	卸妆油
干性皮肤	√	×	×	√	√	√
油性皮肤	×	√	√	√	×	×
混合性皮肤	√	√	√	√	×	×
敏感性皮肤	√	×	×	√	×	√

也可以根据成分选择适合自己的卸妆产品。

干性皮肤：推荐亲水性的保湿成分，如透明质酸、水解胶原蛋白、维生素原 B6。

油性皮肤和混合性皮肤：推荐植物油或矿物油，警惕合成酯类。

敏感性皮肤：推荐有镇静消炎功效的成分，如洋甘菊、甘草、芦荟胶、金缕梅、矢车菊等；有消炎抗敏功效的成分，如甘菊蓝、尿囊素等；警惕十二烷基硫酸钠（SLS）。

正确卸妆

卸妆在晚间护肤流程中是第 1 步。

早上不使用	卸妆	晚第1步	溶解并清除彩妆和灰尘等

✿ 不化妆还要用卸妆产品吗

如果不化妆，就可以不用卸妆产品，因为洁面产品就可以将日常皮肤表面产生的代谢产物和污垢清洗干净。

✿ 涂了防晒要用卸妆产品吗

如果你使用的防晒产品防晒系数比较低（PA+、SPF20 以下），或者防水性比较差，用洁面产品就可以清洗干净了，不需要卸妆。但是如果你使用的防晒产品防晒系数比较高，或者防水性比较好，这些产品里面会含有较多的成膜剂和防晒剂，这时就需要用卸妆产品，将残留的化学物质清洗干净。

✿ 洗卸二合一的产品能够卸除彩妆吗

卸妆产品主要是利用相似相溶的原理，用油脂溶解面部彩妆，适用于浓妆；而洁面产品主要是用表面活性剂带走面部污垢，适用于日常清洁。洗卸二合一的产品，强调的是能够同时满足卸妆、洁面两种需求，这样不仅能够简化烦琐的护肤流程，还能避免过度清洁导致的皮肤屏障受损。但是这类产品是否能将清洁做到位，还要看产品中清洁剂的搭配及用量。这种产品适合日常只涂了防晒或化了淡妆的人群；如果化了浓妆，还是建议先使用卸妆产品，再用洁面产品二次清洁，这样可以保证彻底清洁。

✿ 眼妆和唇妆只能用专门的眼唇卸妆产品吗

相比面部其他部位，眼部和唇部的皮肤比较脆弱。而且睫毛膏和口红都比较难卸，所以这两个部位对卸妆产品的要求就相对较高，既要有效卸除彩妆，又不能刺激皮肤，可以使用专门的眼唇卸妆产品。但随着技术的进步，卸妆产品在保证清洁力的同时也越来越温和了，所以眼唇卸妆产品也逐渐变得非必需。

✿ 带妆睡觉会怎样

不卸妆就睡觉，彩妆的污垢会氧化，堵塞毛孔，细菌在面部繁殖，不仅会引发痤疮，还会让毛孔变大。人类皮肤通过毛孔来调节体温和排汗，从而调整身体内的水分，如果毛孔堵塞，本应该流出的水分无法排出或蒸发，皮肤机能也会降低。

二　晚上第2步：洁面

卸妆后对皮肤进行二次清洁，疏通毛孔，否则后续的护肤品停留在表皮无法被吸收。就算不化妆也要用洗面奶洗脸。清水洗脸的方法并不适合所有人，清水洗脸适合本身皮脂分泌就比较少或皮肤敏感的人群，但是对于正常或皮肤容易出油的人来说，如果不使用清洁产品，皮肤上的代谢物（如皮脂、皮屑）和其他产品（如防晒）的残留物会堵塞毛孔，从而出现黑头、痘痘等皮肤问题。

三 晚上第3步：面膜

洁面后毛孔处于打开状态，更易吸收面膜中的营养成分。面膜有两大特点：第一，面膜的功效成分含量一般会比其他护肤品多。虽然面膜液中的精华含量较少，但是面膜是一次性使用的，而精华每次只使用几滴，所以面膜的功效成分含量相对较多；第二，面膜膜布会产生一个密封的高压渗透环境，把水分强行塞进皮肤，皮肤角质层含水量就会远远大于正常含水值，起到深层补水的作用。敷面膜的时间并不是越长越好，10~15分钟为最佳时间。同时也要注意，敷完面膜后要先用清水洗净，再进行日常护理，因为面膜残留的高分子增稠剂质地比较黏腻，会影响后续产品的吸收。

常见的面膜品类

从使用频率来看，面膜主要分为以下两大类：日用型面膜和周期型面膜。日用型面膜包括布类和免洗面膜等；周期型面膜包括泥膜式面膜、撕剥式面膜和拔除式面膜等。具体的品类对比如表4-11所示。

表 4-11　面膜不同品类对比

品类名	分类	特性
日用型面膜	布类面膜	将调配好的高浓度精华吸附在无纺布或天然棉布上。这种面膜补水的效果很好，也可以含有美白、抗老等成分
	蚕丝面膜	天然蚕丝的结构与人体皮肤相似，含有 18 种氨基酸，吸水性强，透气性好，由蚕丝制成的薄膜被称为人体"第二皮肤"。蚕丝面膜也属于布类面膜，但是要比一般的布效果好
	泥膏面膜	这种泥膏型面膜不同于清洁泥膜，通常含有刺激性小且营养价值高的泥，如海藻、冰河泥、海泥、火山泥等。不同的面膜可以起到清洁毛孔、补充水分、均匀肤色等的作用。但是由于这种面膜的矿物质含量高，多含防腐剂，所以不适合敏感肌使用
	乳霜面膜	乳霜型面膜通常含有一些高吸水和锁水成分，使用时厚厚敷在脸上，有保湿、美白、舒缓镇静等效果。而且刺激性小，敏感肌也可以使用。但是夏天用多了会堵塞毛孔，适合秋冬季节脸部干燥时使用
	免洗面膜	使用后无须冲洗，方便快捷，而且亲肤性高，可以软化皮肤角质，让皮肤变得柔软。但是一整晚暴露在空气中，面膜中的营养和水分容易蒸发掉
	膜粉面膜	用水将软膜粉混合后涂在脸上，15 分钟即可取下，有舒缓镇定、美白、提亮肤色的效果
周期型面膜	泥膜式面膜	清洁能力强，吸附皮脂的效果好（高岭土和黄豆粉），可以有效软化堵塞在毛孔周围的油脂。但是为了抑制细菌微生物，添加了大量防腐剂，敏感性皮肤和易过敏的皮肤要谨慎选择
	撕剥式面膜	撕剥式面膜干燥后可以撕下。其含有的高分子胶会在干燥过程中吸附皮肤已经脱落的角质。因为有一个固化的过程，所以这类面膜含有的保湿成分少，但是防腐剂添加较少，比较安全。此外这种面膜软化角质的效果不理想，只能去除皮肤表面老化的角质，无法净化毛孔。甚至附着力过强时，还会伤及角质层
	拔除式面膜	不建议经常使用，因为拔除式面膜相较以上两种面膜，刺激性最强。是粉刺专用面膜，先通过溶剂溶解老化细胞，在利用胶的强大附着力将粉刺快速粘下来。但是往往会把皮肤上起到屏障作用的油脂也吸附下来，痘痘肌使用甚至会造成伤口破损
	果冻式面膜	果冻型面膜清洁力较弱，需要敷够一定的厚度。它并没有吸附油脂和老化角质的作用，是通过面膜中的水分和保湿剂滋润角质，软化油脂。面膜洗掉之后，需要用粉刺针去除已经冒出毛孔的皮肤油脂

不同肤质如何选择适合自己的面膜

不同肤质如何选择面膜，可参考表 4-12。

表 4-12　不同肤质如何选择面膜

	日用型面膜						周期型面膜			
	布类面膜	蚕丝面膜	泥膏面膜	乳霜面膜	免洗面膜	膜粉面膜	泥膜式面膜	撕剥式面膜	拔除式面膜	果冻式面膜
干性皮肤	√	√	√	√	√	√	√	×	×	√
油性皮肤	√	√	√	√	√	√	√	√	√	×
混合性皮肤	√	√	√	√	√	√	√	√	√	×
敏感性皮肤	√	√	×	√	√	√	×	×	×	×

我们还可以根据成分选择适合自己的面膜。

干性皮肤：挑选清洁面膜时，选择能够缓解皮肤紧绷的油性成分，如小麦胚芽油、酪梨油等；挑选保养型面膜时，推荐多元醇保湿剂，如甘油、丙二醇、丁二醇等。

油性皮肤和混合性皮肤：挑选清洁面膜时，选择吸脂能力较强的成分，如高岭土、膨润土。混合性皮肤可以在局部出油严重的部位使用清洁面膜。挑选保养型面膜时，选择含有柠檬酸、果酸等控油效果好的成分。

敏感性皮肤：敏感性皮肤不需要使用清洁面膜，也要少用泥膏面膜，因为这类面膜的防腐剂含量较高。在挑选面膜时，选择消炎抗敏的成分，推荐洋甘菊、甘草、尿囊素、甘菊蓝等。警惕酒精、香料、果酸或活性成分。

🌸 功效成分选择

补水类：推荐多元醇类、天然保湿因子、胶原蛋白、氨基酸类成分等。

美白类：推荐果酸、曲酸、维生素 C、烟酰胺等（敏感性皮肤慎选酸性美白成分）。

镇静类：推荐洋甘菊、尿囊素、芦荟、金缕梅等；警惕类固醇，甚至激素（虽然能起到镇定效果，但是并不能从根本上解决皮肤问题，停用后皮肤问题还会出现甚至会更严重）。

抗老类：推荐透明质酸、神经酰胺、胶原蛋白、胎盘素等。

正确敷面膜

敷面膜在晚间护肤流程中是第 3 步。

早上不使用	面膜	晚第 3 步	洁面后毛孔张开，营养更易吸收，修复白日损伤

敷面膜时要区分功能。拿一周 7 天来举例，第 1 天和第 2 天敷补水面膜，打开毛孔，充分水合，膨松角质；第 3 天敷清洁面膜，能够将已经打开的毛孔中的代谢物质清洁；第 4 天敷美白面膜，因为此时角质已膨松，毛孔已清理，所以这个时候吸收效果最好；第 5 天敷功效性面膜，如紧致、抗衰类面膜，为皮肤补充营养；第 6 天敷收毛孔的面膜；第 7 天不敷面膜让皮肤休息。

晚间护肤流程中第 4 步～第 7 步分别为护肤水、精华、眼霜、面霜，其护肤原理与早上护肤原理一样，这里不再赘述。

第四篇

那些常见的恼人问题

CARE

第五章
紧绷、脱皮等干性皮肤常见问题及对策

　　干性皮肤的特点是皮脂分泌量少，角质层水合程度不高，干性皮肤常见的问题可以分为四类：一是干燥、紧绷、起皮；二是粗糙、晦暗、无光泽；三是易长斑、易过敏；四是皮肤不吸收。

第一节　干燥、紧绷、起皮

　　皮肤干燥、紧绷、起皮是皮肤缺水的一种表现，要更加注意皮肤的补水。下面主要介绍此类问题的具体形成原因和 7 步护肤具体步骤及建议使用成分。

一　形成原因

　　这类皮肤最大的问题是角质层轻度受损或天生角质层薄，造成水分流失过快，实际就是皮肤自身的保湿能力不足，导致局部水分流失速度太快，出现干燥、紧绷、起皮的现象，出现此类问题的护理重点在于保护角质层与补水（详见第一篇第一章第一节中的角质层部分）。

二　护理对策

　　卸妆：推荐使用含有亲水性的保湿成分的产品，如透明质酸、水解胶原蛋白、维生素原 B6 的卸妆乳、卸妆膏和卸妆油。

　　洁面：需要选择含有温和表面活性剂成分如椰油酰胺丙基甜菜碱、椰油酰两性基乙酸钠等，禁用含有钠皂、钾皂、月桂醇聚醚硫酸酯钠烯烃磺酸钠、月桂醇硫酸酯钠的高刺激洁面产品洗脸。推荐使用含有神经酰胺成分的洁面产品。洁面后不要擦得太干，30 秒内涂抹温和高保湿的润肤水或者敷面膜，补充水分。

面膜：使用含有神经酰胺等高保湿性成分的面膜，给皮肤补充水分，才能使皮肤变得更加水嫩有光泽。

护肤水：推荐使用多元醇类、天然保湿因子、胶原蛋白、氨基酸、透明质酸类成分的护肤水，保湿效果会更好。

精华：推荐神经酰胺、透明质酸、甘油等含有多种保湿剂的精华液，而不是只有单一成分的精华液。

眼霜：因干燥形成的皱纹可以靠加强眼部肌肤补水缓解，但是鱼尾纹等真性皱纹主要还是靠预防，平时就要养成使用眼霜的习惯，不要做夸张的表情，同时也要注意防晒。这里推荐含有滋润成分的眼霜，如乳木果油、复合氨基酸、大豆卵磷脂、小麦胚芽油等。

乳液：建议选择质地偏厚重的滋润型乳液，推荐具有透明质酸、多元醇、多糖类或天然油脂成分的产品。

面霜：最后使用具有封闭性的乳霜，将水分封锁在皮肤内部。

防晒：紫外线也会导致皮肤表层水分流失，皮肤干燥起皮，选择合适的防晒也是干皮护理的关键（详见第三篇第四章第三节中的防晒部分）。

第二节　粗糙、晦暗、无光泽

皮肤粗糙、晦暗、无光泽，是皮肤代谢变慢、角质堆积的一种表现，要更加注意皮肤清洁与保湿。下面主要介绍此类问题的具体形成原因、去角质方法、7 步护肤具体步骤及建议使用成分。

一　形成原因

出现这类皮肤问题主要是因为皮肤油脂分泌较少，同时随着年龄增长，皮肤代谢变慢，老废角质堆积附着在皮肤表面无法脱落。出现此类问题的护理重点在于去角质与保湿。

二　护理对策

去角质：加速角质代谢，平时不仅要做好基础的卸妆和清洁，还要定期去角质，去除脸上堆积的角质和油脂。

卸妆、洁面、面膜、护肤水、精华、眼霜、面霜、防晒等护理方法，可参考上一节"干燥、紧绷、起皮"的护理对策。

第三节　易长斑、易过敏

皮肤易长斑、易过敏是干性皮肤屏障受损的一种表现，干皮要更加注意皮肤含水量和皮脂含量，避免造成皮肤敏感。下面主要介绍此类问题的具体形成原因和 7 步护肤具体步骤及建议使用成分。

一　形成原因

干性皮肤出现易长斑、易过敏的情况，一般是因长时间缺水或过度去角质造成的皮肤屏障受损。屏障受损会导致失去对紫外线的抵抗而易产生斑点和无法保护皮肤抑制外界刺激，而容易导致过敏（详见第一篇第一章第二节中的屏障受损部分），这类问题解决重点在于"修护角质层 + 补水 + 保湿"。

二　护理对策

卸妆：推荐使用清洁力温和的卸妆和洁面产品，如椰油酰胺丙基甜菜碱，这里推荐能够适当保留水分的卸妆膏、卸妆乳和卸妆油，最大限度地减少皮肤水分的流失。

洁面：推荐使用较为温和的氨基酸洁面。已经较为敏感的干性皮肤建议使用选择刺激性较小，清洁力也较弱的表面活性剂，推荐椰油酰两性基乙酸钠、椰油酰谷氨酸钠、月桂酰基甲基氨基丙酸钠等具有保湿成分，同时搭配抗敏成分，如洋甘菊、甘草、尿囊素、甘菊蓝等的洁面产品。

面膜：推荐含有多元醇保湿剂成分的产品，如甘油、丙二醇、丁二醇等，快速给皮肤补充水分，建议每周敷 2~3 次补水面膜，并配合进行保湿的护肤。

护肤水：使用添加保湿成分的护肤水，如神经酰胺、氨基酸、透明质酸等成分，并在关键缺水部位使用"复涂法"，提升皮肤的吸收效果。

精华：推荐质地偏厚重的滋润型精华，锁住皮肤水分，修复皮肤屏障。推荐成分：透明质酸、多元醇、多糖类或天然油脂。

乳液：使用完水类产品后，接着使用水油结合的产品可以有效对肌肤进行保湿锁水，配合按摩手法，可以将水分深深地锁在肌肤。对于干性皮肤，保湿产品的使用量要足，特别是出现起皮状况时要厚涂。

面霜：建议使用具有透明质酸、多元醇、天然保湿因子等成分的产品，主要起到封闭作用，减少皮肤角质层水分的流失。如果皮肤已经干燥到了一定程度，可以使用凡士林或矿物油等油脂成分提升机能，防止水分流出（成分的选择详见第二篇第三章第四节"护肤品的 8 种常见功能"）。

第四节　皮肤不吸收

皮肤不吸收是干性皮肤屏障受损的一种表现，干性皮肤要更加注意皮肤含水量和皮脂含量，避免造成皮肤敏感。下面主要介绍此类问题的具体形成原因、去角质方法、7 步护肤具体步骤及建议使用成分。

一　形成原因

如果你的皮肤看起来有些暗沉，同时摸起来也有点粗糙，在使用精华液和面霜之后，感觉很长一段时间，护肤品都"浮"在皮肤表面而不能迅速被肌肤吸收，这可能就是脸上堆积了太多角质。正常老废代谢掉的角质一般会在肌肤表面黏附一段时间后自行脱落，由于干性皮肤的代谢较慢，角质堆积不易脱落，堵塞毛孔，造成皮肤吸收营养不好。出现此类问题的护理重点在于去角质与补水。

二　护理对策

去角质原理：角质层作为最外层的皮肤，不停地成长并脱落，大约每 28 天为周期更新一次（详见第一篇第一章第一节中的基底层部分）。由于干性皮肤的皮肤代谢能力不强，人为地剥离死皮细胞，有助于皮肤恢复健康和吸收充足的养分。

去角质方法大致可以分为物理和化学两类。

物理去角质：即使用磨砂膏、浴盐、搓澡巾、刷子等工具，用物理摩擦的方式去除堆积的角质，这些产品通过摩擦皮肤，从而去除老旧角质，其去角质功效主要与产品的颗粒大小、形状及粗糙程度有关。

化学去角质：化学去角质一般是使用酸类护肤品，常见的酸类成分如表 5-1 所示。酸类物质通常具有溶解性，其可对皮肤堆积的角质进行溶解，从而剥离多余的角质。酸类产品不仅能够改善角质堆积造成的毛孔堵塞，同时也能代谢掉角质层中的一些黑色素，让皮肤看起来白皙细腻。

表 5-1　常见的酸类成分

α- 羟基酸（果酸，AHA）	β- 羟基酸（水杨酸，BHA）	温和型多羟基酸（PHA）
果酸主要关注甘醇酸、乳酸和杏仁酸。这 3 种果酸可以改善肌肤色素沉着，促进胶原蛋白合成，减少细纹	水杨酸微溶于油的特性可以让它深入毛孔，同时它还是一种抗菌消炎的成分，对于易发炎、易生痤疮的油性皮肤来说很友好	常见的两种是乳糖酸和葡糖酸内醋，不仅十分温和，而且还可以为肌肤保水缩水

根据以上特点，干性皮肤可以使用含有果酸的去角质产品，改善由角质堆积造成的肤色黯淡。

去角质步骤如下。

（1）第一次尝试，要从低浓度的酸类入门使用，减少初次使用酸类带给肌肤的刺激性。

（2）在耳后局部进行涂抹测试，查看是否有出现发红、刺痛等不适症状，如果没有就可以开始在脸上使用，同样少量局部涂抹。

（3）第一次在脸上使用时，先选择低浓度的果酸，将其涂抹到皮肤表面需要刷酸的部位，5 分钟后软化和剥脱局部角质层，间隔两天开始第二次；第二次在脸上停留 10 分钟，间隔一天开始第三次；第三次在脸上停留 15 分钟，如无不适，且能接受，隔日可以继续。如有不适应立即停止使用。

注意事项：多观察面部状态，面部如有泛红、刺痛、起皮、长闭口等问题，则为不耐受；长期使用该产品，且肌肤状态稳定，则为耐受；建立耐受时只用一个功效类产品，适当搭配合适的修护产品，且避免叠加多种高浓度猛效产品，如无任何不适则为耐受。

卸妆、洁面、面膜、护肤水、精华、乳液、眼霜、面霜、防晒等护理方法，参考第五章第一节"干燥、紧绷、起皮"的护理对策。

CARE

第六章
毛孔粗大、黑头等油性皮肤常见问题及对策

　　油性皮肤的特点是皮脂腺分泌旺盛，经常"油光满面"。其常见问题可以分为四类：一是皮肤出油；二是毛孔粗大、黑头、白头；三是痘痘；四是痘印、痘坑和痘疤。

第一节　皮肤出油

　　油性皮肤出油可能存在两种情况：单纯皮肤出油和外油内干。下面主要介绍此类问题的具体形成原因，并分情况给出 7 步护肤具体步骤及建议使用成分。

一　形成原因

单纯皮肤出油

　　这种情况的皮肤出油就是油性皮肤皮脂腺分泌过旺造成的，属于正常的皮肤出油。但是出油的情况也会受年龄、激素、外界环境等因素的影响。青春期油脂分泌开始增多，随着年龄的增长，油脂分泌会逐渐减少；人体内激素水平会影响油脂分泌的速度。皮脂腺分泌受激素的影响，激素水平失控会导致皮脂腺异常分泌，特别是雄激素分泌旺盛的时候，皮肤会呈现更油腻的状态。皮脂腺分泌还受环境因素的影响，温度越高，皮脂腺分泌越活跃。研究发现，皮肤局部温度每变化 1℃，皮脂的分泌速度变化达 10%（详见第一篇第一章第一节中的皮脂腺部分），所以夏季皮肤偏油，冬季皮肤偏干。

外油内干

　　外油内干的外在表现也是皮肤出油，但这并不是一种正常的皮肤状态，因为此时皮肤出油是因缺水造成的。

外油是指发达的皮脂腺分泌大量油脂，导致皮肤出油严重；内干是指因屏障受损造成锁水能力不足，导致皮肤干燥发痒。过度清洁、过度去角质、过度刷酸等行为会导致皮肤屏障被破坏，从而降低皮肤的锁水能力。皮脂腺还在正常分泌油脂，但是皮肤已经无法正常锁水，皮肤含水量急速下降，角质层干燥脱屑，就形成了外油内干的肌肤状态。

外油内干并不是一种皮肤类型，而是一种出现问题的皮肤状态。如果你存在以下问题，就很有可能是外油内干：皮肤粗糙，又油又干；两颊干燥，易有紧绷感；脸上出油多，化妆又卡粉、不服帖；不擦护肤品会干，过一会又很油。

二 护理对策

单纯皮肤出油

详见本章第二节"毛孔粗大、黑头、白头"护理对策。

外油内干

卸妆：此时屏障受损，卸妆应采用刺激性弱，清洁力较强的卸妆水，参考成分有月桂酰基甲基氨基丙酸钠。卸妆时要注意清洁皮肤表面多余油脂，但是要避免过度清洁面部肌肤。

洁面：推荐使用清洁力弱，刺激性弱的洁面产品，参考成分有月桂醇聚醚羧酸钠、椰油酰甲基牛磺酸钠等。

面膜：推荐含有玻尿酸、神经酰胺等具有保湿功效的面膜。避免使用去角质产品。

护肤水：选择具有保湿和收缩毛孔功效的爽肤水，可以帮助控制油脂分泌，缩小毛孔，同时补充皮肤所需的水分。选择保湿水。推荐成分有透明质酸、烟酰胺、神经酰胺。它们都具有锁住水分，让水分停留在肌肤里的能力。

精华：推荐选择保湿和修护类的精华。早上使用保湿类的精华补充水分，晚上使用修护类的精华，配合皮肤晚间的自我修复，效果会更好。推荐的保湿成分有可溶性胶原、神经酰胺、透明质酸、烟酰胺。

眼霜：推荐质地轻薄，含有玻尿酸、胶原蛋白的保湿眼霜。

面霜：选择质地较为轻盈的面霜，封锁皮肤水分，避免因屏障锁水能力不足导致的皮肤干燥，烟酰胺具有调节水油平衡的能力，不会过度控油，又能够强化皮肤的屏障功能，提升皮肤的保湿能力。

防晒：选择质地偏乳液状的化学防晒乳或防晒喷雾。此时皮肤受到外界刺激后皮脂腺分泌会更旺盛，所以出门一定要做好防晒，打遮阳伞、戴遮阳帽、穿防晒衣是首选。

第二节 毛孔粗大、黑头、白头

　　油性皮肤造成毛孔粗大的原因有很多，大致可以分为粗大毛孔、黑头毛孔和水滴毛孔。当皮肤油脂分泌过多，未及时清理时，就会形成黑头、白头。下面对于毛孔粗大的成因，及如何判断、护理此类问题皮肤提出了相应对策，并附有常见的针对毛孔问题的成分一览。

一 形成原因

毛孔粗大的成因

　　粗大毛孔：造成毛孔粗大的原因有很多，角质过厚、清洁不到位、胶原蛋白流失、抽烟酗酒等都会导致皮肤油脂分泌旺盛，皮肤弹性下降，从而出现一定程度的毛孔粗大。毛孔深处的皮脂腺会分泌油脂，油性肤质的皮脂腺分泌比较旺盛，皮脂腺出口很大，毛孔明显，这是油性皮肤毛孔粗大最常见的一种原因。

　　黑头毛孔：油性皮肤皮脂腺活跃，会分泌大量的油脂，如果没有做好清洁，会导致油脂在皮肤表面堆积。露出毛孔的油脂接触空气后发生氧化反应变黑，也就是我们常说的"黑头"。皮脂和污垢不断堆积，会导致毛孔不断变大。表现为脸颊外轮廓出油，鼻子出油更多，T区和两颊部位毛孔粗大。

　　水滴毛孔：随着年龄增长，再加上长时间受紫外线照射，皮肤会逐渐失去弹性，毛孔失去支撑就会变得松垮，也容易导致毛孔粗大。其特征为毛孔呈现水滴状，内轮廓出油。

毛孔粗大程度分级标准

与观察对象距离 0.5 ~ 1 米（0.5 米约手伸开的一臂距离）。

重度：毛孔粗大且黑头明显。

中度：毛孔粗大但基本看不到黑头。

轻度：看到少量毛孔。

黑头、白头的成因

黑头：也被称为开口性粉刺。毛孔中的皮脂堆积物接触空气后被氧化变黑，就成为我们常说的"黑头"。

白头：又被称为闭口性粉刺。白头主要由皮脂腺分泌的皮脂和未及时脱掉的角质组成。当大量的皮脂和角质堆积在毛孔内时，就会形成肉眼可见的白头。

脂肪粒：脂肪粒并不是我们所说的痘痘，而是一种充满角蛋白的囊肿。角蛋白是头发、指甲和皮肤的重要组成部分，当角蛋白被困在皮肤下面，无法正常到达皮肤表层时，就会形成脂肪粒。所以脂肪长在表皮以下，不是由细菌或病毒引起的，对皮肤没有伤害的，也不具有传染性。

黑头的形成过程有三个阶段（见图 6-1）。

第一阶段：皮脂腺分泌皮脂，与老旧角质或粉尘结合，堵塞毛孔。

第二阶段：毛孔堵塞无法进行代谢，逐渐硬化形成油脂颗粒物。

第三阶段：油脂颗粒物暴露在空气中，经氧化后逐渐形成黑头。

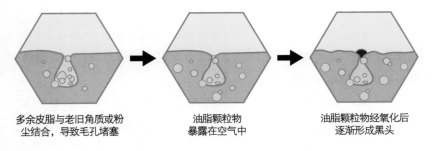

多余皮脂与老旧角质或粉　　　油脂颗粒物　　　　　油脂颗粒物经氧化后
尘结合，导致毛孔堵塞　　　　暴露在空气中　　　　逐渐形成黑头

图6-1　黑头的形成过程示意

二　护理对策

○━━ 毛孔粗大

卸妆：选择清洁力较强，刺激性弱的卸妆水，参考成分有硫基琥珀酸钠。用卸妆水清洁之后一定要配合使用洗面奶做二次清洁，防止残留的彩妆和卸妆水中的化学物质堵塞毛孔，导致毛孔问题更严重。

洁面：选择清洁力较强，但刺激性弱的表面活性剂的产品，参考成分有月桂醇聚醚羧酸钠、椰油酰甲基牛磺酸钠。同时还可以搭配一些有抑制油脂分泌作用的成分，如水杨酸、茶树精油等。要注意洗脸次数不能过多，因为过度清洁会刺激皮脂腺分泌更多油脂，形成恶性循环。

面膜：选择含有强吸脂力成分的清洁面膜，参考成分有高岭土、膨润土。清洁面膜不能每天使用，可以根据自己的肤况决定使用频率，一般一周2～3次；在选择日用型面膜时，可以重点关注有控油功效的成分，如烟酰胺、水杨酸等；关注一些可以改善毛孔堵塞的成分，如乳酸、蜂王浆酸和肌醇六磷酸等。还有一些成分具备抗炎功效，适用于有黑头的皮肤，如尿囊素、甘草酸二钾、硬脂醇甘草亭酸酯等。

护肤水：选择爽肤水或收敛水。这类护肤水能够起到软化角质、二次清洁、抑制油脂分泌和收缩毛孔等的功效。抑制油脂分泌的成分可以选择水杨酸、茶树精华、烟酰胺等；收缩毛孔的成分可以选择金缕梅、茶树精华、海藻提取物等。

去角质：选择含有乳酸、乳清等成分的产品，这种成分可以剥掉老旧的角质层，温和去角质，改善毛孔堵塞。要注意的是，每次去角质之后，都要及时使用收敛水收缩毛孔，因为对于有毛孔粗大和黑头白头问题的皮肤来说，毛孔一直处于张开状态，去角质之后如果没有及时收缩毛孔，空气中的杂质和细菌进入毛孔后还会引起新一轮的毛孔堵塞。

精华：选择有控油和保湿功效的精华。一方面抑制油脂分泌，另一方面为皮肤补充并锁住水分，防止皮肤缺水后分泌更多油脂。推荐成分有烟酰胺。如果面部毛孔属于水滴形，那就要使用含有抗衰老功效的精华，推荐成分有视黄醇、富勒烯、辅酶 Q10、虾青素等。

眼霜：选择质地比较轻薄，有保湿功效的眼霜，过于厚重的眼霜会给皮肤带来负担。推荐成分有神经酰胺。

面霜：选择质地轻薄，有控油保湿效果的面霜。面霜中油性成分相对较多，可以携带有效成分长时间停留在皮肤表面发挥作用，推荐成分有烟酰胺、神经酰胺等。

防晒：选择质地偏乳液状的化学防晒乳或防晒喷雾。根据使用场景选择对应的防晒指数即可。

饮食：积极摄入含有维生素 B2 或维生素 B6 的肉类或蔬菜等食物，同时摄入含有维生素 C 的抗氧化食材会更好（成分的选择详见第二篇第三章第四节"护肤品的 8 种常见功能"）。

黑头、白头

根据见效快慢可以分为两种去黑头方法：快速去黑头三步法和长效去黑头三步法。

✿ 快速去黑头三步法

重大情况救急使用，非紧急不推荐。

第一步：撕拉。使用撕拉式鼻贴带走皮肤表面已经冒出毛孔的黑头。

第二步：收缩。此时毛孔处于打开状态，使用毛孔收敛水收缩毛孔，防止外界有害物质和粉尘进入毛孔；推荐成分：金缕梅、茶树精华、海藻提取物等。

第三步：控油。先使用有控油功能的护肤水，再进行后续护肤，控制皮脂腺分泌，从根本上缓解皮脂分泌过剩所导致的黑头问题。推荐成分：烟酰胺、水杨酸。

✿ 长效去黑头三步法

精油溶解法能够有效缓解并解决黑头问题的方法，主要步骤包括：溶解、收缩、控油。

第一步：溶解。用热毛巾热敷打开毛孔，将薰衣草精油涂在有黑头的地方，软化黑头，10分钟后洗掉；厚涂含有高岭土或膨润土成分的清洁泥膜10分钟，吸附黑头；用粉刺针刮掉被吸附出来的脏东西。

第二步：收缩。使用收缩水（金缕梅、茶树精华、海藻提取物等）收缩毛孔。此时冒出毛孔的黑头和毛孔里面的白头都被彻底清洁掉了，毛孔处于干净通透的状态，如果不及时使用收缩水收缩毛孔，空气中的灰尘和有害物质更易进入毛孔，造成新的毛孔堵塞，导致黑头反反复复。

第三步：控油。使用含有控油成分（烟酰胺、水杨酸等）的护肤品。控制油脂分泌可以从源头上解决皮脂过剩堵塞毛孔的问题。

脂肪粒

如果脂肪粒比较轻微的话，可以配合一定的护肤手法处理，坚持下来也能看到效果。

清洁：用温水温和清洁。脂肪粒并不是因为皮肤出油产生的，所以正常进行日常清洁即可。

刷酸：在长有脂肪粒的部位涂抹酸类护肤品，酸类成分可以加速皮肤表层更新，之后配合使用保湿型护肤水，确保用酸的部位不会干燥起皮。

泥膜：一周用一次泥膜。将泥膜涂在脂肪粒处，10 分钟后洗掉，再使用护肤水，涂抹保湿精华或面霜。

脂肪粒不能挤，更不能挑，脂肪粒是长在真皮层的，如果硬挑出来，会伤害到皮肤深层，可能会变成坑。严重的情况下要前往医院请皮肤科医生处理。表 6-1 所示是常见的针对毛孔问题的成分。

表 6-1　常见的针对毛孔问题的成分	
成分名称	功能
大米精华 No.6	它能够抑制皮脂腺的工作，从而达到抑制皮脂分泌油脂的效果
肌醇六磷酸	是从米浆中提取的成分，通过实验发现该成分能够抑制皮脂分泌
吡多素 HCI（盐酸吡多素、维生素 B6 衍生物）	该成分实际上是一种维生素 B6 的衍生物，在身体中如果缺乏此种成分可能会诱发脂溢性皮炎，吡多素是医药认证的成分，适当使用能够预防痤疮
10- 羟基癸酸	该种成分又被称为蜂王浆酸，从蜂王浆中提取，能起到抑制皮脂分泌的作用。如果粉刺较为严重，使用添加含量较高的 10- 羟基癸酸，效果会更好
乳酸、乳清等含有 α-羟基酸的成分	具有去角质的功能，可以改善毛孔堵塞
甘草酸二钾	提取自甘草，和类固醇的作用相似，可以抑制瘙痒和炎症
硬脂醇甘草亭酸酯（甘草酸衍生物）	提取自甘草根部，和类固醇的作用类似，具有抗炎的功效，衍生物中的甘草亭酸酯是一种油溶性极高的成分

成分名称	功能
尿囊素	尿囊素是一种水溶性的抗炎成分，使用后能够提高肌肤活性，帮助伤口愈合，常被用于医药品的创伤愈合剂中
ε- 氨基己酸（氨基己酸）	作为人工合成的氨基酸，和传明酸有一样的功效，有抗炎和止血的功效，可以解决皮肤粗糙的问题，这种成分在医药科学中被用作医用止血剂
富勒烯	富勒烯是由碳组成的球形物质，具有相对较强的稳定性，它比其他氧化剂能够持续更长的时间，在紫外线照射下也能具备极稳定的抗氧化力
生育酚磷酸酯钠（维生素 E 衍生物）	它是极少数水溶性维生素 C 衍生物，如果在体内它会转变为具备极强的超抗氧化能力，除抗氧化外，它还具有抗炎的功效，能够改善皮肤的粗糙状态
虾青素（雨生红球藻提取物）	这种成分广泛地存在于鱼类、虾类以及海洋生物中，还存在于雨生红球藻类中，属于胡萝卜素的一种。据说虾青素比维生素 C 具有更高的抗氧化能力，在人类皮肤测试中测试出其具有改善皱纹的效果
泛醌（辅酶 Q10）	泛醌是参与人体能量代谢的重要组成部分，具有抗氧化的作用。护肤品配方禁止添加表中收录有该成分，所以其在使用上会有一定的限制
抗坏血酸磷酸酯酶、抗坏血酸磷酸酯钠（APM、APS、维生素 C 衍生物）	维生素 C（抗坏血酸）衍生物，当它被皮肤吸收时，磷酸会从皮肤中脱离，剩下的维生素 C 可以起到抑制黑色素的作用，因此被称为即效型维生素 C
抗坏血酸棕榈酸酯磷酸酯三钠（维生素 C 衍生物）	该成分遇到水极易分解，性质不稳定，但是它作为衍生物可以达到皮肤更深层的位置，促进胶原蛋白的合成，且具有抗氧化作用
3-0- 鲸蜡烷基抗坏血酸（维生素 C 衍生物）	这是一种性质较为稳定的维生素衍生物，能够促进胶原蛋白纤维素的形成
棕榈酰三肽 -5	该成分是一种合成肽，以促进真皮中胶原蛋白的形成，而改善脸部皱纹
二棕榈酰羟脯氨酸	该成分作为胶原蛋白必需的氨基酸，同时具有抑制弹性蛋白分解的能力
锦纶 -6	作为锦纶系的合成物，质地多孔，能让面部看起来有"磨皮"效果
(1,4- 丁二醇 / 琥珀酸 / 己二酸 /HDI) 共聚物	作为一种合成共聚物，这种成分和二氧化硅组合在一起能使面部达到"磨皮"效果，此外，面部出油也能通过使用它得到很好地控制

（续表）

成分名称	功能
乙烯基聚二甲基硅氧烷/聚甲基硅氧烷倍半硅烷交联聚合物	这是一种来自硅油的球状粉末，与其他粉末相比更加柔软顺滑
全缘叶澳洲坚果籽油	全缘叶澳洲坚果籽油富含棕榈油酸，棕榈油酸占其主成分的 20%。棕榈油酸是人类皮脂中存在的一种成分，有使肌肤变得柔软的作用
鳄梨油	鳄梨油是从鳄梨果肉中提取的一种植物油，鳄梨油中富含棕榈油酸，棕榈油酸占其主成分的 6%
稻糠油、油橄榄果油、马油	它们都属于油脂类成分，通过脂肪酸的排列组合呈现出不同的性质，含有油酸等不饱和脂肪酸的油脂能够有效渗进皮肤深处，使肌肤变得柔软
刺阿甘树仁油	刺阿甘树仁油又被称作阿甘油，提取自刺阿甘树种子，质地比油橄榄果油更厚重。刺阿甘树仁油富含硫酸和亚硫酸，特点是拥有丰富的抗氧化成分，例如维生素 E。通过低温萃取之后，刺阿甘树仁油是可以直接使用的天然护肤品
酶类（木瓜蛋白酶、蛋白酶、脂肪酶）等	木瓜酶和蛋白酶可以分解蛋白质中的废旧角质，脂肪酶可以分解皮脂，这些酶类成分可以通过化学方式分解面部废弃物质，从而达到改善毛孔堵塞的作用
高岭土、膨润土（蒙脱石）等黏土矿物	都属于黏土泥成分，添加在洁面成分中可以在不损伤皮肤的前提下清除多余的油脂，成分功效过强，每周使用一次即可，过于频繁使用，可能会导致皮肤屏障受损

第三节　痘痘

油性皮肤常发的皮肤问题是长痘，根据其严重程度可分为轻度、中度和重度。本节对于痘痘的成因，以及如何判断、护理此类问题皮肤提出了相应护肤对策，并附有常见的针对痘痘问题的成分一览。

一　痘痘的类型

痘痘，学名为痤疮，是毛孔被皮脂等物质堵塞而形成的一种皮肤问题，本质是毛囊内的一种炎症疾病。即皮脂腺分泌的皮脂和微生物代谢物无法排出，引发炎症。痤疮是毛囊皮脂腺单位的一种慢性炎症性皮肤病，好发于面部及前胸、后背。主要表现为粉刺（毛囊被堵塞形成粉刺）、丘疹（微生物繁殖诱发炎症）、脓包（微生物大量繁殖，炎症加重）、囊肿或结节（化脓或者更严重），常伴有毛孔粗大和皮脂溢出。

轻度

白头（Ⅰ级）不痛不痒的白色小凸起，由皮脂与老废角质导致，又叫闭口粉刺。

黑头（Ⅰ级）鼻翼周围黑色的小颗粒，由皮脂过度分泌导致，又叫开口粉刺。

○─ 中度

丘疹（Ⅱ级）无脓液的红色小痘痘，由毛囊发炎导致，粉刺在脸上持续恶化，就会形成丘疹。

脓包（Ⅲ级）有脓液的红色痘痘，毛囊发炎恶化，表面可看到明显脓液。

○─ 重度

结节（Ⅳ级）红色或暗红色结节，有明显凸起，不痛不肿，但也挤不出东西。

囊肿（Ⅴ级）大且硬，有明显痛感的脓液或半固体物质的痘痘，炎症扩散。

二　形成原因

正常情况下，皮肤的毛孔会保持打开。

外界环境变化、心理压力大、饮食不规律、护肤不当等多种因素都有可能刺激皮脂腺分泌过多皮脂，如果没有及时清理皮肤表面的污垢，毛囊漏斗部的角质细胞的粘连性增加，从而导致毛囊堵塞。除此之外，激素的变化也会导致皮脂分泌过度。

当毛孔堵塞后，皮脂腺分泌的皮脂就开始堆积，当皮脂与外界空气接触时发生氧化，就会形成黑头粉刺。

当毛孔内发炎时，毛孔周围会呈现红肿的状态。严重时，粉刺就会开始化脓形成有炎症的痘痘，如丘疹、脓包、结节、囊肿等。

三　护理对策

白头和黑头的护理对策详见第四篇第六章第二节"毛孔粗大、黑头、白头"，这里重点讲一下中度、重度痘痘的护理对策。

卸妆：选择清洁力较强、刺激性弱的卸妆水。参考成分有月桂酰基甲基氨基丙酸钠。脸上长痘痘时最好不要化妆，彩妆需要清洁力很强的成分才能洗掉，这会加重皮肤负担，导致痘痘很难恢复。

洁面：选择清洁力较强，刺激性弱的洁面产品。参考成分有月桂醇聚醚羧酸钠、椰油酰甲基牛磺酸牛磺酸钠等。痘痘的形成一般是因为毛孔堵塞，所以在洁面环节就要做好疏通，选择含有水杨酸、杏仁酸的泡沫丰富的洁面，可以帮助促进角质代谢，抑制油脂分泌。

面膜：选择含有控油、抗炎类成分的面膜。推荐成分有烟酰胺、水杨酸、茶树精华等。禁用强力清洁泥膜，此时痘痘处已经出现了炎症，过度清洁反而可能会使炎症加重。

护肤水：选择爽肤水或控油水。这两种护肤水中可以加入一些水溶性的控油、祛痘、抗炎成分。推荐成分有酒精、茶树精华、薰衣草精华等。

精华：选择含有祛痘、消炎抑菌成分的精华。推荐成分有甘草酸二钾、硬脂醇甘草亭酸酯、水杨酸、抗坏血酸磷酸酯镁、抗坏血酸磷酸酯钠。

眼霜：选择质地轻薄的保湿眼霜。推荐成分有神经酰胺。

面霜：选择质地轻薄，有保湿、修护、抗炎功效的面霜。推荐成分有甘草酸二钾、硬脂醇甘草亭酸酯、乙酰化透明质酸钠、烟酰胺、神经酰胺等。

防晒：选择质地偏乳液状的化学防晒乳或防晒喷雾。痘痘受到紫外线照射容易导致色素沉着，形成痘印。痘痘肌出门要做好防晒。

表 6-2 所示是常见的针对痘痘问题的成分。

表 6-2　常见的针对痘痘问题的成分

成分名称	功能
大米精华 No.6	它能够抑制皮脂腺的工作，从而达到抑制皮脂分泌油脂的效果
吡多素 HCl（盐酸吡多素、维生素 B6 衍生物）	该成分实际上是维生素 B6 的衍生物。身体中如果缺乏此种成分可能会诱发溢脂性皮炎，吡多素是医药认证的成分，适当使用能够预防痤疮
10- 羟基癸酸	该种成分又被称为蜂王浆酸，从蜂王浆中提取，能起到抑制皮脂分泌的效果。如果粉刺较为严重，使用添加含量较高的 10- 羟基癸酸，效果会更好
甘草酸二钾	提取自甘草，和类固醇的作用相似，可以抑制瘙痒和炎症
ε- 氨基己酸（氨基己酸）	作为人工合成的氨基酸，和传明酸一样的功效，有抗炎和止血的作用，可以改善皮肤粗糙的问题，这种成分在医药科学中作为医用止血剂
尿囊素	尿囊素是一种水溶性的抗炎成分，紫草的叶片及蜗牛黏液中都含有这种成分。使用后可以增强皮肤活性，加强伤后皮肤代谢，有抗炎、加快创口愈合的功效，医用创伤愈合剂中也常有这种成分
硬脂醇甘草亭酸酯	油溶性的抗氧化成分
异丙基甲基苯酚、邻伞花烃 -5- 醇	一种大众熟知的杀菌剂，对马拉色菌非常有效。马拉色菌是导致后背产生痤疮的主要菌种
硫黄	硫黄具有很强的软化角质的作用，石油精制的过程中可提炼出硫黄，一般与间苯二酚相配合使用效果更佳
间苯二酚	属于一种化学合成物质，除了有杀菌效果，还可以溶解角质，一般与硫黄配合使用效果更佳
水杨酸	属于一种化学合成物质，广泛存在于自然界。除了有杀菌效果，还可以溶解老废角质，在刷酸产品中比较常见
富勒烯	富勒烯是由碳组成的球形物质，有相对较强的稳定性，其抗氧化性较强，在紫外线照射下也具备稳定的抗氧化性，因此又被称为 "C66 自由基海绵"
生育酚磷酸酯钠（维生素 E 衍生物）	它是极少数水溶性维生素 C 衍生物，如果在体内它会转变为具备极强的超抗氧化能力的成分，除抗氧化外，它还有抗炎的功效，能够改善皮肤粗糙问题。
虾青素（雨生红球藻提取物）	这种成分广泛存在于鱼类、虾类及海洋生物中，还存在于雨生红球藻类中，属于胡萝卜素中的一种，虾青素比维生素 C 具有更高的抗氧化能力，在人类皮肤测试中测试出其具有改善皱纹的效果

（续表）

成分名称	功能
泛醌（辅酶 Q10）	泛醌是参与人体能量代谢的重要组成部分，具有抗氧化的作用。化妆品配方禁止添加表中收录有该成分，因此在使用上会受到一定的限制
抗坏血酸磷酸酯酶、抗坏血酸磷酸酯钠（APM、APS、维生素 C 衍生物）	维生素 C（抗坏血酸）衍生物，当它被皮肤吸收时，磷酸会从皮肤中脱离，剩下的维生素 C 可以起到抑制黑色素的作用，因此被称为即效型维生素 C。它作为美白成分效果显著，提升浓度后对治疗痤疮也十分有效

痘痘肌禁用成分	
成分名称	功能
所有油脂	天然油脂类，如油橄榄果油、刺阿甘树仁油、有乳木果脂等，这些天然的油脂会增强痤疮短棒菌苗（这是导致痤疮的主要病原体）的繁殖，所以使用油脂类护肤品时应格外注意
甘油	甘油的保湿力非常强，能够保持皮肤滋润，但是高浓度的甘油会为痤疮短棒菌苗提供丰富的营养物质，使其大量繁殖
杀菌剂系	成人痤疮使用此成分，或许会导致皮肤屏障功能下降，使皮肤问题进一步恶化
蛋白酶、木瓜酶	此类成分具有刺激性，不建议皮肤敏感人群使用
羟基乙酸	作为具有换肤作用的酸性成分，是 α- 羟基酸中效果最显著的一类成分。高浓度羟基乙酸建议在化学机构专业人员建议下使用

第四节　痘印、痘坑和痘疤

痘印、痘坑和痘疤都是面部出现痘痘之后留下来的一些色素沉着、皮肤凹陷，或者说是皮肤突起的一些增生等，下面主要介绍此类问题的具体形成原因和 7 步护肤具体步骤及建议使用成分。

一　形成原因

○ 痘印

长痘痘的过程可以比喻为身体与细菌的战争，而我们的皮肤就是战场，炎症越厉害，留下的印记，也就是痘印就越严重。痘印主要分为两种，也是痘印的两个阶段：红色痘印和黑色痘印。其中，黑色痘印由红色痘印发展而来。

✿ 红色痘印

属于新鲜痘印，此时白细胞与入侵的细菌的战斗刚刚结束，扩张的血管还没有恢复，炎症后血液流动也会变慢，造成循环不畅，痘痘处就会呈现红色，即红色痘印。

✿ 黑色痘印

当痘痘的炎症消退后，皮肤上会出现色素沉淀，颜色发黑，这就是黑色痘印。黑色痘印的消退速度取决于色素堆积的位置，堆积层次浅的位置，淡化比较快，如果堆积在真皮层，淡化所需的时间就比较长。

痘坑

当痘痘发炎较严重，伤及真皮的胶原蛋白和透明质酸等细胞外基质时，就有可能因为真皮的塌陷而留下凹洞，即我们常说的痘坑。

与表皮层不同，真皮层的更新修护能力很弱，一旦受损极难修护，势必会留下痕迹。所以预防痘坑生成才是最重要的（千万别挤痘痘）。

痘疤

痘疤与痘坑正好相反，是一种过度肥厚的疤痕。由于皮肤真皮层的纤维母细胞太过活跃，在创口愈合过程中过度反应，变成肥厚的皮肤增生组织。

二　护理对策

痘印

卸妆和洁面产品的选择详见第四篇第六章第三节"痘痘"。

面膜：选择含有抗炎类成分的面膜。推荐成分有尿囊素、ε - 氨基己酸。

护肤水：选择保湿水、控油水或嫩肤露。推荐成分有神经酰胺、透明质酸、酒精、薰衣草精华、茶树精华等。不管是对抗红色痘印还是黑色痘印，都要加强保湿，促进皮肤的新陈代谢。控油水中含有酒精，就算脸上长痘也可以使用，还能起到消炎的作用；嫩肤露主要起到修复和抗氧化的作用。

精华：选择含有消炎抑菌和美白成分的精华。推荐成分有甘草酸二钾、硬脂醇甘草亭酸酯。这时在挑选美白成分时，要注意功效，应该选择能够代谢黑色素的美白成分，如右泛醇、胎盘蛋白。使用美白类精华时，可以局部复涂在有色素沉淀的痘印处。

眼霜：选择质地轻薄的保湿眼霜。推荐成分有神经酰胺。

面霜：选择质地轻薄，有美白功效的面霜。推荐成分有烟酰胺（封锁黑色素的运输）和磷酸腺苷二钠（促进表皮新陈代谢，排出黑色素）等。

防晒：选择质地偏乳液状的化学防晒乳或防晒喷雾。做好防晒，紫外线照射会导致痘印的颜色加深，并且阻碍痘印的修复。

痘坑

痘坑跟真皮层损伤有关，护肤品能发挥的作用很小，需要前往医院治疗。

痘疤

需要前往医院治疗。

CARE

第七章
T区油、两颊干等混合性
皮肤常见问题及对策

　　混合性皮肤同时具有油性、干性多种肤质的特征，皮肤状况不稳定，受年龄、环境、压力、饮食影响，有时偏干燥、有时偏油，面对不同的皮肤状况，要进行分区护理。常见的问题可以分为两类：一是混合偏干性皮肤护理；二是混合偏油性肌肤护理。

第一节　混合偏干性皮肤护理

混合偏干性皮肤易缺水，T区相对较油，两颊干燥。下面主要介绍此类肤质的具体形成原因和7步护肤具体步骤及建议使用成分。

一　形成原因

皮肤呈现混合偏干性的原因是面颊两侧肌肤皮脂分泌少、缺水干燥、脸比较紧绷，而在眼睛、鼻子等T区部位皮脂分泌则较多。此类问题的护理重点在于分区护理，以补水滋润为主，但由于脸上还有出油部位，所以需要保留一些控油产品，以达到脸部皮肤的水油平衡。

二　护理对策

卸妆：混合偏干性肌肤有容易出油的部位，也有比较干燥的部位，推荐使用含亲水性的、保湿成分的卸妆产品，如含有透明质酸、甘油的卸妆乳、卸妆凝露、卸妆啫喱，温和低刺激。或者含有月桂酰基甲基氨基丙酸钠等类似成分的卸妆产品。

洁面：建议用低于37℃的温水清洁面部，洁面优先选择氨基酸类的洗面奶，成分表内出现前缀有月桂酰/椰油酰的成分或后缀有甲基氨基丙酸钠/谷氨酸钠/天冬氨酸钠的成分即为氨基酸洗面奶。清洗重点在

T 区，脸颊一带而过即可，禁用皂基类洗面奶。

面膜：使用含有神经酰胺等高保湿性成分的面膜，给面部两侧肌肤补充水分，使偏干部位的皮肤变得更加水嫩有光泽。

护肤水：洗完脸要做好补水。混合偏干性皮肤最大的皮肤问题是肌肤出油不平衡，推荐在 T 区、下巴、额头等易出油的部位用含有透明质酸、神经酰胺、吡咯烷酮羧酸钠等高保湿成分的爽肤水湿敷。

精华：推荐含有神经酰胺、透明质酸、甘油等多种保湿剂的精华液，而不是只有单一成分的精华液。

乳液：建议在脸颊及额头等偏干部位使用质地偏厚重的滋润型乳液，推荐含有透明质酸、多元醇、多糖类或天然油脂成分的产品，尽量避开出油部位（少涂或不涂）。

面霜：在脸颊及额头等偏干部位，建议使用含有乳木果脂、椰油的面霜产品，主要起到封闭作用，减少皮肤角质层水分的流失。尽量避开出油部位（少涂或不涂）。

眼霜：混合偏干性皮肤眼周容易出现干燥型皱纹，眼周以保湿滋养为主，建议使用含有乳油木果油、复合氨基酸、大豆卵磷脂、小麦胚芽油等成分的滋润型眼霜。

防晒：混合偏干性皮肤建议使用乳状质地、有一定的流动性、质地清爽好推开的化学防晒乳，具体防晒指数的选择可参考前文防晒章节。

第二节 混合偏油性皮肤护理

混合偏油性皮肤 T 区有油光，毛孔粗大，易出现粉刺等。下面主要介绍此类肤质的具体形成原因和 7 步护肤具体步骤及建议使用成分。

一 形成原因

混合偏油性皮肤皮脂腺分泌油脂较多，面部整体出油多，脸颊处虽然不像 T 区那样非常容易出油，但是会伴有少量的油皮特征。在出油较多的区域容易滋生细菌，如果清洁不到位，就会导致面部长痘痘。此类问题的护理重点在于分区护理，以控油为主，同时加强保湿。

二 护理对策

卸妆：推荐选择较为清爽的卸妆水，混合偏油性皮肤要加强保湿工作，不要使用油性成分较多的产品。避开含有植物油或矿物油成分的产品，警惕合成酯类。

洁面：油脂分泌旺盛的人可以偶尔使用皂基型（具有皂基坯、钾基坯成分）产品，日常用氨基酸型产品温和清洁。

面膜：对于油脂分泌较为旺盛的混合偏油性皮肤，应定期在出油严重的部位使用吸脂能力较强的清洁面膜，如含有高岭土、膨润土成分的面膜。同时配合含有神经酰胺等高保湿性成分的面膜，给皮肤补充水分。

护肤水：推荐选择有收敛毛孔、控油爽肤成分的护肤水。推荐成分有薄荷醇、柠檬酸、金缕梅、尿囊素、薰衣草精华、茶树精华等。

精华：推荐含有富勒烯、虾青素、辅酶Q10、生育酚磷酸酯钠等具有抗氧化功能的精华产品，对油皮常见的痘印、泛红、肤色暗黄问题都有不错的改善效果。

乳液：推荐选择质地清爽的控油型乳液。推荐成分有天然保湿因子、葡聚糖、烟酰胺等，可让皮肤保持在相对稳定的状态。

面霜：推荐使用含有透明质酸、天然保湿因子的清爽型面霜产品，主要起到封闭水分的作用。

眼霜：选择温和不刺激，并且质地轻盈、清爽的眼霜。眼霜功能要根据自己的肤况（眼下是否出现细纹、皱纹、是否有黑眼圈等）来选择，混合偏油性皮肤更推荐含有富勒烯、虾青素、辅酶Q10、生育酚磷酸酯钠等成分的抗氧化眼霜。

防晒：建议避开较为厚重、主要成分为二氧化钛和氧化锌的物理防晒产品，选择不含油脂，不含致痘成分的防晒乳。具体防晒指数的选择可参考前文防晒章节（详见第三篇第四章第三节中的防晒部分）。

CARE

第八章
过敏、刺痛等敏感性皮肤
常见问题及对策

　　敏感性皮肤主要是由各种因素（例如生活方式、环境、个人身体情况或者是不当的护理方式）导致皮肤屏障功能无法抵抗外界物质的入侵，从而引发的皮肤敏感。常见问题主要是皮肤长期处于炎症状态，对外界刺激做出不良的反应。

第一节　敏感性皮肤的皮肤护理

敏感性皮肤特指皮肤在生理或病理条件下出现的一种高反应状态，主要发生于面部。可表现有灼热、刺痛、痛痒及紧绷感等主观症状，伴有红斑、毛细血管扩张及脱屑等客观体征。

 形成原因

1. 非常敏感性皮肤：对内源或外源性刺激因素反应，同时伴有急性或慢性敏感症状，有非常强烈的心理异常。主要在情绪紧张、饮酒或者温度突然变化时，出现面部潮红，这种类型的皮肤敏感常常是由于皮肤屏障被破坏导致的，属于低屏障功能型。

2. 环境敏感性皮肤：一般是因为环境因素刺激，比如温度的变化、冷、热、日光、风、温度刺激等，皮肤有明显干燥、局部皮肤有发红、潮红、紧绷的倾向，甚至伴有刺痛感。

3. 护肤品敏感性皮肤：对特定护肤品敏感，使用后敏感症状出现或加重，出现与环境敏感性皮肤一样的症状。

4. 内分泌敏感性皮肤：与内分泌有关系，女性在月经周期或者一些特殊时期，比如绝经期前后，会出现皮肤敏感，特殊时期结束，皮肤状况就会有改善。

二 常见不良反应

角质层变薄：敏感性皮肤的主要表现是角质层变薄，皮肤敏感导致皮下毛细血管扩张、收缩，呈现在面部为红血丝、红脸蛋（见图8-1）。

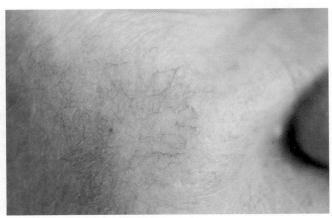

图8-1 角质层薄的皮肤出现的红血丝

皮肤泛红：敏感性皮肤容易泛红，温度变化、过冷或过热都会引起皮肤泛红、发热。严重时会出现红肿、皮疹、脱屑的症状（见图8-2）。

图8-2 泛红严重，出现皮疹

皮肤痒痛：敏感性皮肤容易受环境、季节变化等因素刺激出现发红、发热、发痒、刺痛等症状，自觉皮肤紧绷。

三 护理对策

卸妆：推荐使用卸妆乳、卸妆油这种卸妆力较弱但同时对皮肤伤害较小的产品；卸妆油中的天然油脂，如油橄榄果油、马油和人体的皮脂相似，对皮肤的伤害较小，使用后皮肤不易干燥，敏感皮同样适用。

洁面：推荐使用低于 37℃的温水洁面或者使用比较温和、刺激性低的氨基酸洁面产品，如含有椰油酰胺丙基甜菜碱、椰油酰两性基乙酸钠等成分的洁面产品。同时搭配抗敏成分，如洋甘菊、甘菊蓝等。但要注意使用频率，每天使用一次即可，不要过度清洁皮肤。

面膜：敏感性皮肤不需要使用清洁类面膜，也要少用泥膏型面膜，因为这类面膜的防腐剂含量较高。在皮肤不太敏感时，除了使用含有常见高保湿成分的面膜，如含有神经酰胺、透明质酸成分的面膜，还建议使用添加消炎抗敏成分的面膜，如含有甘草、尿囊素成分的面膜。警惕酒精、香料、果酸或活性成分。若皮肤处于敏感期，出现红斑、丘疹或瘙痒时，可将纸膜放在常温矿泉水或者生理盐水里浸泡后进行湿敷，时长控制在半小时内，每天 3 次，直至皮肤过敏症状消失。

护肤水：建议选择成分较为简单的护肤水。另外也要留意植物精华或精油类成分，这类成分可能会刺激肌肤，在屏障受损的时候也要注意避开含有此类成分的产品。敏干皮推荐使用甘油、玻尿酸、神经酰胺、透明质酸、氨基酸等较为稳定且低刺激的保湿成分。在选择美白类护肤水时，敏感性皮肤要警惕酸类和刺激性很强的美白成分，如维生素 C。

精华：推荐使用添加神经酰胺、马齿苋、积雪草根提取物等成分的修复精华，有一定的抑制皮肤炎症和敏感的作用。

乳液：推荐使用含有神经酰胺、胆固醇等模拟皮肤脂质成分的乳液，会对皮肤保湿有很好的效果，尤其是神经酰胺，不仅可以保持水分，还可以强化皮肤屏障。添加寡肽、角鲨烷、天然保湿因子等成分的乳液对修复皮肤屏障也有很好的效果。

面霜：敏感性肌肤在选择面霜时要注意选择无香精、无防腐剂、带有修复成分的。推荐使用添加有神经酰胺、马齿苋、积雪草根提取物等成分的面霜，此类成分有舒缓修护的功效，有一定的抑制皮肤炎症和敏感的作用。

眼霜：每个人对眼霜功效的需求不同，但是敏感性皮肤在选择眼霜时一定要注意在选择功效的同时，选择一款成分天然、无香精、无酒精的眼霜。

防晒：由于敏感性肌肤角质层较薄，缺乏对紫外线的防御能力，所以要格外注意防晒，优先选择穿防晒衣、戴遮阳帽、打遮阳伞等防晒措施。选择防晒霜时建议使用物理防晒霜避免对皮肤的刺激。具体防晒指数的选择可参考前文防晒章节（详见第三篇第四章第三节中的防晒部分）。

敏感性皮肤值得关注的成分如下。

防敏成分：尿囊素、金缕梅萃取物、矢车菊、山植萃取物。

抗敏成分：蓝甘菊、甜没药、洋甘菊、甘草萃取物、芦荟萃取物、金盏花萃取物。

修复成分：神经酰胺、棕榈酰基胶原蛋白酸、绿茶萃取物、VC、温泉水、生物活性多肽。

四 慎用产品及成分

✿ 1. 含果酸、水杨酸等成分的产品

含有甘醇酸、杏仁酸、苹果酸、乳酸、柠檬酸等各种果酸、水杨酸，以及 A 酸系（视黄酸、视黄醛、视黄醇）等成分的产品对皮肤有剥落角质的作用。大部分敏感肌皮肤保护层较薄，使用含以上成分的产品容易过敏。

✿ 2. 含化学药物的产品

敏感肌要注意减少高倍数化学防晒产品的涂抹量。

✿ 3. 清洁力强的产品

表皮的角质层是由角质细胞和细胞间质组成的，也就是皮肤屏障。皮脂腺分泌的皮脂会转移到皮肤表面，成为皮肤屏障的一部分。而清洁力强的洁面产品会将皮脂消除，这无疑会加重皮肤敏感，所以敏感性皮肤不能使用清洁力强的产品，如含十四酸（肉豆蔻酸）、十二酸（月桂酸）、十六酸（棕榈酸）、十八酸（硬脂酸）等成分的皂基类洁面产品。

✿ 4. 含酒精的护肤品

含有酒精的护肤品不仅能够起到杀菌、消炎、收敛毛孔的作用，还能让皮肤更清爽，但它并不适合皮肤屏障受损的敏感性肌肤。皮肤之所以感到清爽，是因为酒精易挥发，而且挥发时会带走皮肤表面的水分，会让敏感皮肤变得干燥，敏感加重。此外，高浓度的酒精会破坏皮肤自有的水质膜，导致皮肤屏障受损，让皮肤变得更敏感、更脆弱。

✿ 5. 含防腐剂类产品

防腐剂是护肤品中不可缺少的成分，但遇到以下防腐成分时，敏感性皮肤一定要回避，如尼泊金酯类、甲基异噻唑啉酮、甲基氯异噻唑啉酮、双咪唑烷基脲等。

CARE

第九章
美白、抗衰等人人关注的
常见问题及对策

　　想要美白、抗衰，关键是要把握皮肤晒黑及松弛的原理。晒黑并不是一种皮肤问题，而是皮肤受到紫外线照射后出现的保护反应；随着年龄的增长，皮肤的弹性和光泽度都会减弱，皱纹也随之而来，因此抗衰老与美白是护肤的重要方向。关于抗衰和美白的常见问题可以分为四类：一是去黑；二是去黄；三是淡斑；四是去皱。

第一节　去黑

　　人类皮肤颜色主要取决于表皮层黑色素的沉着量，其中黑色素的含量是决定皮肤颜色的主要因素，皮肤黑的原因主要有 7 个：角质层厚、角质薄、遗传因素、紫外线、衰老、摩擦、氧化，下面针对不同的类型，给予相应的解决对策。

一　皮肤黑的原因

　　角质层厚：干燥的皮肤角质层过厚，透光性变差，皮肤看起来晦暗无光泽。

　　角质层薄：角质层过薄会使皮肤的防御功能减弱，容易遭到外界不良因素的侵害，造成色素沉着。

　　遗传因素：父母的肤色决定孩子的肤色，与遗传有关。

　　紫外线：紫外线照射引起皮肤变黑。当黑色素过度生成并成功表达时，皮肤就会出现晒黑反应。

　　衰老：随着年龄的增长，人的新陈代谢变慢，没有及时代谢掉的黑色素沉着会使皮肤缓慢变黑。

　　摩擦：过度摩擦也会导致皮肤变黑，过度去角质、过度拍打、过度按摩、过度揉搓皮肤都会刺激皮肤细胞，导致暗褐色素和淡褐色素的沉着。

　　氧化：随着年龄增长和与外界环境的接触，人体内会产生活性氧，皮肤被活性氧氧化后，就会显得肤色暗沉。

二　护肤对策

皮肤黑的不同类型及解决对策如表 9-1 所示。

表 9-1　皮肤黑的类型及解决对策

类型		解决对策
角质层厚		去角质作为人为削弱死皮的方法之一，有助皮肤恢复健康并且快速地提亮、均匀肤色（详见第四篇第五章第四节"皮肤不吸收"）
角质层薄		若是由频繁去角质引起的角质层变薄，可参考第八章的敏感肌肤护理，做好皮肤表面的防晒工作，强调补水和保湿，不要过度清洁
遗传因素		通过预防、抑制酪氨酸酶的活性，抑制黑色素细胞转移，再配合去角质，提亮肤色
紫外线		通过外用防晒剂、物理屏蔽及口服抗氧化剂等手段抵御光老化带来的皮肤色素沉着（详见第一篇第二章第一节中的氧化部分）
衰老		自然衰老无法避免，可以定期去角质，使用美白提亮的产品提亮肤色
摩擦		避免过度摩擦和过度清洁，减少对脸部的刺激
氧化		可使用抗氧化产品进行护理

✿ 1. 了解美白原理：阻止变黑的四个阶段

（1）停止发送制造黑色素的指令，这是防止黑色素生成的第一道关口，可以从源头防止皮肤变黑，推荐成分有母菊提取物、传明酸（凝血酸）、传明酸十六烷基酯等。

（2）抑制酪氨酸酶的生成。有些成分，如熊果苷、美白 377 可以抑制黑色素合成所需的酪氨酸酶的活性。还有一些成分，如维生素 E 衍生物可以抑制黑色素合成过程的氧化反应。

（3）抑制黑素小体的转移，烟酰胺就具有这种功能。

（4）剥脱含有黑色素的角质层，果酸和生物酶就具有这种功能。

❀ 2. 明确晒黑阶段

在选择美白产品时，需要先明确自己处于哪一个阶段，如果你已经被晒黑了，使用的却是能够停止发送黑色素指令的成分，黑色素不会继续产生，你不会继续变黑，但是也不能马上变白，只能通过皮肤自身的代谢慢慢分解已产生的黑色素。除此之外，有效的提亮美白对策，应该是做好预防，在源头阻断黑色素的生成，一年四季都要使用防晒和美白类的产品。

❀ 3. 提前预防，选择合适的防晒

油性皮肤：选择清爽无油配方的水剂型防晒霜。

干性皮肤：选择质地滋润，添加了补水、抗氧化成分的防晒霜。

敏感性皮肤：最好选择物理防晒剂，使用不含香料、不含防腐剂的产品。

第二节　去黄

皮肤暗黄的原因主要有五个：角质型暗黄、干燥型暗黄、氧化型暗黄、糖化型暗黄、油腻型暗黄，下面针对不同的皮肤暗黄类型，给予相应的解决对策，并根据 7 步护肤给出具体护肤步骤及建议使用成分。

一　暗黄成因

角质型暗黄：老化角质堆积导致皮肤透光性差，当皮肤不再细腻时，皮肤表面无法形成好的镜面反射时，就会导致肤色暗沉无光，皮肤越来越黄。

干燥型暗黄：皮肤长时间缺水，会让细胞活力下降，老废角质大量堆积在皮肤表层，代谢异常，缺乏光泽，让肤色变得暗沉。

氧化型暗黄：随着年龄的增长和紫外线照射，当人体与外界接触时，外界污染、紫外线、烟尘等都会让人体内产生活性氧，活性氧会进一步使细胞氧化。皮肤被活性氧氧化后，原本正常的运作就会变得缓慢，加速皮肤老化，还会出现各种衰老信号，皮肤被氧化最重要的特征就是脸色变黄。

糖化型暗黄：人体摄入糖分过多，体内多余的糖分无法代谢时，血液里的游离糖类和胶原纤维等蛋白质结合，发生变性，从而引起皮肤发黄。

油腻型暗黄：皮肤分泌油脂过多时，除了油脂本身就微微发黄，清

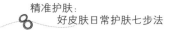
洁不及时的油脂在空气中也会氧化变黄，此类暗沉多发于油性肌肤。

二 护肤对策

皮肤暗黄的不同类型及解决对策如表 9-2 所示。

表 9-2 皮肤暗黄的类型及解决对策	
角质型暗黄	为了保持皮肤的年轻与健康，皮肤角质需要不停地成长并脱落。定期去角质有助于解决皮肤代谢能力不强、皮肤发黄的问题
干燥型暗黄	缺水是肌肤暗沉发黄的原因之一，补水保湿能提升肌肤的修复力，也是减轻肌肤暗沉的关键
氧化型暗黄	抗氧化成分能有效抑制自由基的氧化反应，对抗脸部因氧化发黄（详见第一篇第二章第一节中的氧化部分）
糖化型暗黄	含有肌肽、硫辛酸、氨基胍等成分的护肤品，可以抑制皮肤的糖化反应。同时也要做好防晒，因为紫外线的照射会加速皮肤老化，同样也会加重糖化反应（详见第一篇第二章第一节中的糖化部分）
油腻型暗黄	使用控油类的产品，可以参考第六章解决油皮常见问题，并且定期去角质

卸妆：清洁做到位，皮肤就会看起来干净透亮，更有利于后续护肤品的吸收。

洁面：洁面是提升肌肤通透度的第一步，根据个人肤质肤况，选择适合的洁面产品。

面膜：定期使用面膜能很好地起到保湿效果，选择具有提亮美白功效的面膜，如含有烟酰胺、维生素 C、虾青素等成分的产品，提升肌肤的通透感。

护肤水：想让肌肤清洁透亮，深度保湿是关键。有植物成分的爽肤水在软化角质层的同时也能起到二次清洁的作用。暗沉的肌肤需要更好地补水保湿才能提升通透感。除了基础的补水保湿，油皮还要注意控油，缓解油脂氧化造成的暗黄。

精华：抵御紫外线非常重要，抗氧化同样重要。很多植物抗氧化成分，如红石榴、葡萄籽、茶多酚，都对改善暗黄有很好的效果。

乳液：补水的同时更要想办法将这些水分留在皮肤内。皮肤的保湿状态是否优秀，是由角质层内的皮脂膜、细胞间脂质和天然保湿因子决定的，如果肌肤自身无法提供良好的保湿系统，就需要外用与保湿因子相似成分，如用含有神经酰胺、吡咯烷酮羧酸钠的产品进行保湿。

面霜：使用含有提亮、抗氧化功能的护肤品可以缓解已有黑色素堆积造成的暗沉，同时抑制新的黑色素生成。推荐成分有烟酰胺、视黄醇、维生素 C 及衍生物、麦角硫因、传明酸。

去角质，加速角质代谢：平时不仅要做好基础的卸妆和清洁，还要定期使用清洁泥膜，去除脸上堆积的角质和油脂。

防晒：一年四季都要做好防晒，防晒不仅能预防皮肤氧化变黑、变黄，还能有效缓解皮肤光老化。

第三节　淡斑

皮肤斑点主要分为 4 种类型：雀斑、黄褐斑、色素沉着、老年斑，下面针对不同的斑点类型，给予相应的解决对策，并根据 7 步护肤给出具体护肤步骤及建议使用成分。

一　斑点成因

紫外线照射是斑点形成的主要原因，因为紫外线会直接刺激黑色素细胞增殖。紫外线照射过于强烈，酪氨酸酶（合成黑色素的关键）合成就会增多（详见第一篇第一章第一节中的基底层部分）。一般情况下，变黑的皮肤会随着新陈代谢排出黑色素，但当某个地方长时间有黑色素沉积时则会形成斑点，但不是每一种类型的斑点都是受到紫外线的影响。

雀斑：雀斑可以遗传，与后天的日晒也有很大关系，是由黑色素过度生成产生。雀斑散布在面部，是一种淡褐色点状色素沉着斑，受黑色素的影响，日晒过长颜色也会加深。

黄褐斑：黄褐斑为面部黄褐色色素沉着，多呈蝶翅状，左右对称，轻者呈淡黄色或浅褐色，重者呈深褐色或浅黑色。多发生在 30~40 岁女性中，有研究表明，雌性激素是产生黄褐斑的主要因素，洗脸摩擦皮肤也会刺激黄褐斑的生长。

色素沉着：炎症、蚊虫叮咬、痤疮治愈后留下的疤痕都可能存在色素沉着的问题，这与年龄无关，一般这种斑点的颜色会随人体代谢逐渐变淡，但接触紫外线有可能刺激色素沉着加剧。

老年斑：老年斑也叫脂溢性角化病，一般轮廓较为明显，颜色表现为浅棕色到深棕色，主要受皮肤年龄和日晒的影响，出现色斑后，继续受到紫外线的照射可能会使斑点颜色加深，影响区域可能会逐渐增大或增厚，洗脸摩擦皮肤或年纪增长也会刺激老年斑的生长。

二　护肤对策

因为斑点类型不同，针对的护理办法也不同，在进行淡斑护肤之前，首先我们应该正确区分自己的斑点类型从而对"症"下药，不同斑点类型及解决对策如表9-3所示。

表9-3　斑点的类型及解决对策

斑点类型	解决方法
雀斑	从黑色素过度生成这一点看，具有美白和抗氧化功效的精华类产品具有一定的效果，激光类手术也可以治疗，但极易复发
黄褐斑	使用含有传明酸成分的美白产品可以有效对抗黄褐斑，但黄褐斑很容易在紫外线照射后加重。要做好抗氧化和防晒的措施，把预防放在第一位
色素沉着	使用美白类护肤品对这类斑点比较有效，色素产生时间越短，改善效果越好。另外，在创口愈合时不要过度抓挠，经过数月斑点基本可以自行消失
老年斑	极浅的淡斑可以通过含有美白成分的护肤品解决，但仍要做好抗氧化和防晒的措施，把预防放在第一位

洁面：洁面是提升肌肤通透度的第一步，可根据个人的肤质肤况，选择适合的产品。

护肤水：推荐使用含多元醇类、天然保湿因子、胶原蛋白、氨基酸、透明质酸类成分的护肤水，保湿效果会更好，在提升皮肤水合作用的同时可以加速后续精华的吸收。

抑制酪氨酸酶：晚上是抑制酪氨酸酶的最佳时机，很多能够抑制酪氨酸酶的成分具有很强的刺激性，这些成分按有效性从低到高排列为甘草根、熊果、牡丹提取物、熊果苷、曲酸、壬二酸、传明酸、间苯二酚、抗坏血酸葡糖苷、对苯二酚。可以使用含有此类成分的精华或其他护肤产品抑制酪氨酸酶，减少黑色素的生成。

抗色素过度沉着：对苯二酚、熊果苷、传明酸、曲酸、鞣花酸、间苯二酚都对抗色素沉着有显著功效，许多产品中使用的都是以上成分的混合物，所以建议选择的护肤品中至少含有以上成分中的一种。

抑制黑色素细胞转移：烟酰胺不仅有控油、美白、祛痘等功效，还能减缓黑色素运输，非常适合添加到淡斑护肤产品中。在使用抑制酪氨酸酶生成的护肤品后，可以使用添加烟酰胺成分的保湿产品，加强抑制功效。

去角质：为了保持皮肤的年轻与健康，皮肤角质不停地成长并脱落，干性皮肤由于皮肤代谢能力不强，"手动"去角质有助于皮肤更快地提亮、均匀肤色（详见第四篇第五章第四节"皮肤不吸收"）。

防晒：对抗斑点最好的方法就是预防，也就是做好防晒。为了保护皮肤不受紫外线的伤害，每天都应该涂抹防晒产品，防晒还可以避免斑点因紫外线受到二次伤害（详见第四篇第五章第四节"皮肤不吸收"）。

第四节　去皱

一　皱纹成因

皱纹分细纹（干燥纹）、真性纹、松弛纹 3 种。

细纹也叫干燥纹，是因皮肤干燥引起的皱纹，主要是由皮肤缺水、角质层容积变小造成的，干性肤质在年轻时容易出现这类皱纹，皮肤越干燥，纹路越深。

真性纹，主要是由真皮层组织结构的变化造成的，多发生于额头、眼角、嘴周等。习惯性的表情会使皮肤产生肌肉记忆，加上外界刺激，真皮层的胶原蛋白纤维发生变性或减少时，就会形成表情纹，当表情纹固定下来就会变成"定性皱纹"。

松弛纹是指由于真皮结构改变、年龄增长导致皮肤失去弹性变得松弛。

二　护肤对策

皱纹类型及解决对策如表 9-4 所示。

表 9-4	皱纹类型及解决对策
干燥纹	只要做好保湿，就能得到改善。没有及时补充水分和营养，可能会导致细纹向松弛纹等真性纹发展（详见第五章第一节"干燥、紧绷、起皮"）
真性纹	由于真皮结构的变化产生了皱纹，需要能够到达真皮层作用的，促进胶原蛋白生成的成分，才能改善皱纹。
松弛纹	改善皮肤松弛的关键在于要做好抗氧化。坚持使用含有抗氧化功效的护肤品，能够减缓皮肤自然老化（详见第一篇第二章第一节中的氧化部分）。

针对干燥纹：提高皮肤的水润程度，能在一定程度上降低干燥纹的视觉呈现效果，推荐使用含有视黄醇棕榈酸酯（维生素 A 衍生物）、二甲基甲硅烷醇透明质酸酯（透明质酸衍生物）、神经酰胺 3、神经酰胺 6II 的高保湿抗皱成分，可有效护理干燥纹。

针对真性纹：真皮结构层变化导致的表情纹，推荐使用含有乙酰基六肽 -8（又叫阿基瑞林）、二肽二氨基丁酰苄基酰胺二乙酸盐、抗坏血酸棕榈酸酯磷酸酯三钠（维生素 C 衍生物）、3-O- 鲸蜡基抗坏血酸（维生素 C 衍生物）等成分的护肤产品，这类成分能够深入真皮层，促进真皮内胶原蛋白的合成，有效抑制表情纹的产生。

针对松弛纹：改善皮肤松弛的关键在于抗氧化，坚持使用含有抗氧化功效成分的护肤品，能够减缓皮肤自然老化。富勒烯、辅酶 Q10、虾青素及生育酚磷酸酯钠（生育酚乙酸酯 / 维生素 E 衍生物）都是很好的抗氧化成分。经研究表明，视黄醇、烟酰胺、NEI-L1 等成分也能有效地对抗皱纹的产生。保证护肤品中至少含有一种上述成分，坚持使用，可明显改善松弛纹（详见第二篇第三章第四节中的抗衰部分）。

第五篇

关于护肤的常见问题
及答案

CARE

第十章
护肤问答

本章是我们服务了 6000 万人次后总结出的实战经验，其中的 100 个问题都是日常生活中常见的、非常典型的问题，包含大部分人的肤质肤况，我们将其分为以下几类：干性皮肤问题、油性皮肤问题、混合性皮肤问题、敏感性皮肤问题、提亮问题、抗衰问题、防晒问题、眼部问题、选品问题、使用问题。

第一节　干性皮肤问题

干性皮肤一般分为干型和超干型，常出现易长斑、易长皱纹、洗完脸常感到紧绷、底妆易卡粉、妆面不均匀等问题，受到外界刺激，易出现潮红、肤色暗沉，平时皮肤缺乏光泽、皮肤油脂分泌少，脸上很少有油光，易干燥起皮。

一　脸上容易紧绷刺痛怎么办？

不管是干性皮肤还是油性皮肤，紧绷都是因为缺水造成的。应该使用护肤水加保湿霜的护肤方法。如果只补水不保湿，补充的水分蒸发时会带走原有水分，使皮肤更加紧绷和刺痛。如果只保湿不补水，皮肤表面的湿度足够，但内部还是比较干燥。补水与保湿双管齐下，能够很好地缓解干燥造成的刺痛。同时还要注意修复肌肤屏障，使用含有神经酰胺、透明质酸等成分的补水和保湿型产品（详见第四篇第五章第一节"干燥、紧绷、起皮"）。

二　皮肤又干又有黑头怎么办？

皮肤干燥有黑头，多是由清洁不到位造成的，要重视面部清洁和补水。定期去角质是不错的清洁面部的方式，具体的去角质周期可以根据不同的年龄做相应调整。

去角质后需要在 30 秒内敷面膜或用爽肤水进行湿敷，尽量使用封闭型的产品，迅速为皮肤提供水分并进行保湿。

黑头部分要使用专门的溶油性产品，比如使用柠檬精油加基础油调和后的精华油按摩黑头，使用一个月之后可以见效。但是如果想要黑头不再生长，关键在于持续性护肤。既要做到皮肤补水保湿，又要定期去角质（详见第四篇第五章第四节"皮肤不吸收"）。

三　脸不出油，为什么毛孔还是很大？

毛孔粗大一般分为三种：第一种，毛孔里堆积的油脂杂质将毛孔撑大，视觉上看起来毛孔变大，常出现于油性皮肤；第二种，由于过度去角质，皮肤保护层被伤害，角质层失去了储水能力，皮肤缺水紧绷会让毛孔看起来变大；第三种，如果没有做好相应的护理，随着年龄的增长，皮肤就会出现椭圆形毛孔，一旦形成很难恢复，一定要提前预防。（详见第四篇第六章第二节）。

四　换季皮肤干燥起皮怎么办？

换季皮肤干燥是由于空气湿度变化造成的。例如，从南方城市到北方城市，你会明显感觉到皮肤干燥、起皮缺水等，这是因为北方地区空气中湿度较低，皮肤角质层的水分蒸发造成的。所以当换季皮肤干燥起皮时，需要多补水多保湿，用保湿型的产品。

五 喝水可以改善皮肤干燥吗？

可以改善，但是作用不大。打一个极端的比喻，如果你在沙漠中待几天，身体缺水时，你会发现脸部和嘴唇都开始起皮，此时即使抹再多的护肤品都没有用，这是因为体内缺水造成了皮肤供水不足出现的干燥。在正常体内不缺水的情况下，喝水对改善皮肤干燥则没有太大的作用，这个时候需要使用保湿剂来进行保湿。

六 补水喷雾越用越干是怎么回事？

补水喷雾使用不当会使皮肤越来越干。补水喷雾成分中大部分是水，通常能起到改善皮肤干燥的作用，但是如果使用后自然风干，没有做好皮肤保湿，就会使肌肤表层的水分随着空气蒸发，甚至导致肌肤内部水分蒸发流失，从而出现使用补水喷雾后皮肤更加干燥的情况。在使用补水喷雾后及时保湿就能避免这种情况的发生。

七 每天都敷面膜，皮肤为什么还是很干？

可能是因为敷完面膜之后没有使用乳液或者面霜进行水分封闭，造成了皮肤水分流失。刚敷完面膜时皮肤比较湿润，但随着水分在空气中蒸发皮肤会越来越干燥。解决这个问题很简单，只需要在敷完面膜之后，使用水、乳液、面霜进行水分封闭即可。

八 感觉涂了护肤品不吸收怎么办？

护肤品不吸收可能与三个因素有关。一是这个产品并不适合你；第二是护肤顺序错误；三是皮肤角质层较厚，需要去角质（详见第五章第四节"皮肤不吸收"）。

九 皮肤发痒是过敏了吗？

皮肤发痒存在两种可能：皮肤过敏或皮肤缺水。

如果是因为皮肤过敏，发痒部位一般还会伴随发热、发烫的症状。此时先冷敷发痒部位，将毛巾用冷水浸湿，并拧去多余的水分放冰箱冰镇 10 分钟后取出冷敷，冷敷 3 ~ 5 次后，用镇静喷雾喷面并用洗脸巾拭去多余水分，接着涂抹含有神经酰胺的保湿乳或者保湿霜，查看情况是否好转，如果第二天仍无好转，则需尽快就医。如果是由皮肤缺水造成发痒，可能存在过度洁面或者洁面后没有及时保湿的情况。过度洁面有可能是使用了皂基洗面奶造成的，需要更换为不含皂基的洗面奶，如氨基酸洗面奶。同时降低去角质的频率，过度去角质会造成皮肤屏障受损，保水能力变差。另外，洁面后一定要用爽肤水、保湿乳、保湿霜等后续补水保湿的产品。

十 皮肤为什么没有光泽感，显得暗沉？

除身体因素外，皮肤没有光泽可能存在三个原因。一是角质层太厚，角质层太厚会造成皮肤透光性变差，显得暗沉。二是角质层缺水，角质层缺水会造成皮肤镜面反光效果差，显得暗沉。三是过度氧化会造成皮肤发黄和发暗，就像刚切开的苹果，切面的果肉是鲜亮的，过一会儿就会变黄变暗，放置时间越长氧化越严重，皮肤也会随着年龄的增长氧化，糖化也会让胶原纤维和弹力纤维变硬，从而失去光泽并发黄，所以显得皮肤暗沉（详见第一篇第二章第一节中的两化部分）。

第二节　油性皮肤问题

油性皮肤一般分为油型、超油型、油痘型，常出现以下皮肤问题：易出油脱妆、易长粉刺、T区出油严重、毛孔粗大、黑头多、肤色暗沉且不均、T区唇周偏暗黄、两颊相对偏浅。

十一　油皮需要补水吗？

无论什么皮肤都需要补水，缺水几乎是皮肤问题的"万恶之源"，补水是解决各类皮肤问题的基础。但只补水是不够的，如果你是单纯的油皮（非外油内干），那就要做好以下护肤工作：①选择清洁力较强但不太刺激的洁面产品，并每天早晚各洗一次脸；②洗脸后30秒内使用爽肤水，并复涂至少3次以深度清洁，并使皮肤表面充分水合；③涂抹爽肤水后，在30秒内涂抹清爽的乳液；④涂抹乳液后，在30秒内涂抹啫喱状的面霜。

十二　黑头可以一劳永逸地解决吗？

不可以。季节、年龄、外界环境都在不断变化，不同的因素会使皮肤出现不同的问题，没有任何一个皮肤问题可以一劳永逸地解决，只能是延缓，或者预防。正确的护肤，可以延缓黑头的再次出现。去黑头的关键在于清洁、补水、保湿。清洁时使用中等清洁力的洗面奶，补水要选择爽肤水而不要选择润肤水或柔肤水，保湿方面一定要选择啫喱状等清爽的保湿产品（产品的选择详见第三篇第四章）。

十三 脸上突然爆痘还能涂护肤品吗？

可以，但是需要分区涂抹。有痘痘的部位涂祛痘的产品，其他部位做好保湿。早、晚分别用清洁力适中的洗面奶洁面，预防健康部位长痘，同时对已经长痘的区域做好清洁。

十四 鼻子旁边的痘痘怎么祛除？

无论哪里的痘痘都可以通过使用祛痘型的产品逐渐改善。刚长痘时，可以使用茶树精油或含水杨酸等成分的产品；如果已经出现了大面积面疱，可以选择使用含 A 酸、水杨酸等成分的产品。日常一定要做好清洁，将痘痘生长的营养源——堆积的油脂阻断。

十五 是不是只有油性皮肤才会长痘？

不是，但油性皮肤长痘的概率会偏高。痘痘的产生需要两个前提，一是有充足的油脂；二是存在痤疮丙酸杆菌（痤疮杆菌）。所以即使是干性皮肤，如果清洁不当也会有油脂残留，结合痤疮杆菌就容易长痘。

十六 闭口怎么祛除？

先补水，再湿敷，再有针对性地涂抹茶树精油。如果角质层很厚，可以先去角质，再涂抹精油。

十七 同一个位置反复长痘是怎么回事？

熬夜、饮食辛辣等会刺激皮肤大量分泌油脂，油脂给细菌提供了营养的温床，痤疮杆菌在这种环境下大量繁殖就会出现痘痘。痘痘反复出现可能存在三个原因。一是清洁不彻底，皮肤油脂堆积，痘痘稍有好转就停用祛痘产品，实际痤疮杆菌和油脂还残存在皮肤内。这种情况下要充分做好面部清洁，并选择专门的祛痘型产品进行消炎杀菌。二是习惯用手挤或者用手抠痘痘，导致手上的细菌在伤口处繁殖。这种情况下需要改掉用手频繁触碰面部的习惯，在需要触碰面部时及时进行手部清洁消毒。三是生活习惯不健康，持续熬夜、吃烧烤等也会刺激痘痘生长，早睡、少吃油腻的食物可以改善皮肤状况。

十八 刷酸可以祛痘吗？

刷酸可以祛痘。但是具体的"酸"要根据自己的肤质选择，果酸具有水溶性，一般作用于皮肤表面，如柠檬酸、苹果酸、杏仁酸等；水杨酸具有脂溶性，在皮肤表面和深层都可以起作用，可对毛孔内的油脂进行分解，并有消炎杀菌的功效。

十九　脸上长痘是因为皮肤出油多吗？

脸上长痘不一定是因为皮肤出油多，熬夜等因素也会造成长痘，但是长痘大部分跟皮肤出油有关。皮肤表面其实是由皮脂、水分、微生物（细菌）等组成的一个微生态环境，健康的皮肤处于动态平衡中。如果皮脂分泌过多，就打破了平衡，给细菌提供了更多的营养，痤疮杆菌在"食物"充足的情况下就会大量繁殖，从而长痘。熬夜也会导致身体机能下降，代谢减慢，容易产生炎症，从而出现痘痘。

二十　出油的部位毛孔粗大怎么办？

做好清洁和补水。多用清爽的爽肤水，其质地清爽，渗透性更好。如果皮肤不敏感，可以用含酒精的爽肤水，因为酒精能很好地溶解油脂，直达毛孔深处，长期使用效果更佳。另外，在使用爽肤水前最好用热毛巾在出油的部位热敷 5 分钟左右，等毛孔打开后，再使用爽肤水，能起到事半功倍的效果。

二十一　油性皮肤多久去一次角质合适？

去角质的周期与肤质没有太大关系，仅与年龄有关，除非是敏感性皮肤。

正常情况下，28 天为一个正常皮肤角质代谢周期，20 岁后角质层代谢周期会逐渐大于 28 天，在不同的年龄需要自行调整去角质时间（详见第一篇第一章第一节中的基底层部分）。

二十二　油性皮肤夏天怎么选防晒霜？

油性皮肤建议选择化学防晒。物理防晒具有遮盖性，大部分产品比较油、闷，使用感不是很好。所以油性皮肤适合选择化学防晒和生物防晒，夏季建议选择 SPF>30、PA++~+++ 的防晒霜，并且每 2 ~ 3 小时补涂一次（详见第三篇第四章第三节中的防晒部分）。

二十三　两颊泛红发痒是怎么回事？

可能是过度去角质造成的皮肤屏障受损，也有可能是使用不合适的护肤品引起的皮肤过敏，或是因为皮肤缺水。

二十四　油性皮肤怎么选择控油类的护肤品？

油性皮肤分为单纯出油和外油内干两种。单纯出油的护理关键是"清洁＋补水＋控油＋保湿"；外油内干的护理关键是"补水＋保湿"。选择补水的产品时尽量选择含神经酰胺、透明质酸成分的产品，做到"清洁到位、补水到位、保湿到位"即可拥有清爽干净的皮肤（详见第四篇第六章第一节"皮肤出油"）。

二十五　夏天出油严重，多洗几次脸可以改善出油吗？

多洗脸并不能改善出油，反而可能会适得其反。夏天温度较高，皮脂腺活跃度高，从而会分泌更多的油脂，想要改善出油，首先是降温，并且在清洁面部后及时做好补水和保湿。

二十六　油脂分泌旺盛，一天下来脸色暗黄怎么办？

油脂本来就微微发黄，并且非常容易氧化，氧化后的油脂颜色更黄，所以当油脂分泌过剩时，脸部暗黄是正常现象。想解决皮肤暗黄，就要控制面部油脂的分泌，选择合适的洁面产品，更有效地清洁皮肤油脂。同时洁面之后要及时给皮肤补充充足的水分，并涂抹质地轻薄的乳液或者其他具有封闭性的产品为皮肤锁水。

二十七　经常熬夜会导致脸上长痘吗？

可能会，因为熬夜会降低细胞活力，导致机体免疫力、新陈代谢能力下降，常见的症状就是长痘。同时熬夜还会影响身体分泌褪黑色素（可以清除自由基），过多的自由基沉积在体内容易引起炎症从而导致长痘。

第三节 混合性皮肤问题

混合性皮肤一般分为混合型、混合偏油型、混合偏干型，常出现以下皮肤问题：面部 T 区呈油性，其他部位呈干性；肤色不均，T 区和唇周肤色比两颊深；额头、鼻子、下巴易长粉刺、痘痘；两颊部位油脂分泌少，皮肤干燥，甚至起皮；毛孔在出油的部位比较明显；皮肤油脂分泌不均，有时觉得干，有时觉得油。

二十八 怎么判定自己是混油还是混干？

混合偏干型皮肤最突出的特点就是面颊两侧肌肤皮脂分泌少、缺水干燥、脸比较紧绷，而在眼睛、鼻子等 T 区部位比较爱出油；混合偏油型皮肤皮脂腺分泌油脂较多，面部整体出油多，脸颊处虽然不像 T 区那样非常容易出油，但是会伴有少量的油性皮肤特征。

二十九 T 区出油厉害怎么办？

想要改善 T 区出油，关键在于清洁、补水、保湿。在清洁时着重 T 区，采用画圆的方式清洁；涂抹爽肤水时要在 T 区采用复涂法充分补水，或用化妆棉沾爽肤水湿敷 2 分钟左右，接着涂抹轻薄的乳液和啫喱状面霜。

三十 两颊干燥、T区油怎么护理？

皮肤呈现混合偏干性最突出的原因是面颊两侧肌肤皮肤分泌少、干燥缺水、比较紧绷，而在眼睛、鼻子等 T 区部位比较爱出油。出现此类问题的护理重点在于分区护理，以补水滋润为主，但由于脸上还是有出油部位，需要保留一些控油产品，以达到脸部的水油平衡。

三十一 混干皮夏天怎么选防晒？

选择防晒时可以根据自己的肤感选择，防晒乳质地相对水润，防晒霜的保湿力会更强。干性皮肤建议使用防晒霜，油性皮肤建议使用防晒乳或防晒喷雾，混干皮既要保湿又需要清爽，选择防晒乳更合适。

三十二 混油皮怎么选护肤品？

混油皮在选择护肤品的时候，应以保湿为主，控油为辅。选择洗面奶时尽量选择含有月桂酰基甲基氨基丙酸钠、月桂醇聚醚羧酸钠、硫基琥珀酸钠等成分的清洁力和温和度适中的洁面，尽量使用爽肤水、补水精华、清爽型乳液、质地轻薄的面霜。

第四节　敏感性皮肤问题

敏感性皮肤一般分为敏感型、红血丝型，常出现以下皮肤问题：冬天进空调屋皮肤容易泛红、夏天进空调屋脸部皮肤比身体皮肤先感觉到凉、皮肤遇热易泛红发烫、洗完脸很快有紧绷感、皮肤易出现刺痛、痒和脱皮等现象、换季时皮肤容易长小疹子、角质层比较薄、脸颊泛红或有红血丝、脸颊容易不明原因的泛红发热。

三十三　肤质可以改变吗？

可以。皮肤护理习惯，以及生活方式和生活环境的影响可以改变一个人的肤质。例如，一个中性皮肤的人，有可能因为护肤不当，造成角质层水分流失，变成敏感性皮肤。而敏感性皮肤通过正确的护肤方式，修复了角质层的屏障，也可以变成中性皮肤。干性皮肤也有可能因为护肤不当，造成屏障功能受损，皮肤油脂分泌过高变成油性皮肤。

三十四　我是敏感性肌肤，是不是尽量少用或不用洗面奶？

不是。敏感性肌肤也会有正常的新陈代谢，有老废的角质生成，所以还是要用洗面奶洗脸。只是在选择洗面奶时，避免选择皂基的洗面奶，选择氨基酸洗面奶，成分表含有神经酰胺、尿囊素、洋甘菊、甘草精、甜没药萜醇、透明质酸等抗敏或无刺激成分的产品最佳。

三十五　敏感肌怎么做清洁？

角质层薄是敏感肌皮肤敏感的主要因素，在清洁时，要把保护角质层放在首位。基于此前提，选择清洁产品时做到"三要三不要"。

三要：①要选择含氨基酸成分的产品；②要选择低泡的产品；③要用冷水洗脸。

三不要：①不要选择磨砂类的产品；②不要选择含皂基成分的产品；③不要选择含酒精成分的产品。

三十六　为什么夏天会出现皮肤敏感？

皮肤敏感一般出现在春秋季节，这是因环境因素导致的。夏季皮肤敏感可能是因为夏天出油出汗多，洁面次数增加，或是洁面时选择了含皂基的产品，造成了皮脂膜受损，所以出现皮肤敏感。

三十七　皮肤过敏还能用护肤品吗？

如果只是在过敏初期，皮肤有干、痒、起皮的症状，但是不红、不烫，那就可以使用护肤品。但要注意，洗面奶不要选择含皂基、酒精成分的产品，也不要用热水洗脸。尽量选择含神经酰胺成分的舒缓产品。

如果正处过敏中期或者症状严重，皮肤有潮红、红疹子、发烫的症状，就不要使用护肤品了，应及时就医。

三十八 为什么别人的皮肤没有红血丝，我的皮肤却有红血丝？

红血丝是毛细血管，是皮肤的正常组成部分。健康皮肤的角质层厚度正常，红血丝很难透出被肉眼看见。但当皮肤角质层较薄时，相当于遮挡物变薄，所以就能看见红血丝了。

三十九 皮肤敏感泛红，用什么成分的护肤品比较好？

①从护肤水至面霜这 6 个护肤步骤都使用含有神经酰胺的护肤品，同时要避免去角质；②避免使用含有皂基成分的洁面产品，尽量使用氨基酸洗面奶；③最好选择含透明质酸成分的面霜，并厚涂；④不要使用含果酸、水杨酸的产品。

四十 屏障受损是什么意思？

屏障受损简单说就是角质层的屏障功能受损，皮肤屏障出现问题的初期表现是皮肤干燥。如果洗脸后皮肤紧绷并脱皮，那么此时皮脂分泌量和皮肤的保水能力已经下降了，不加以护理的话，部分皮肤会感到泛红、发痒，更甚者使用护肤品时会感到刺痛、泛红、发痒。此时皮肤已经非常脆弱，依靠皮肤自身的修复能力已经无法构建皮肤屏障，需要及时就医。

第五节　提亮问题

想要提亮美白，关键是要把握皮肤变黑的原理。导致皮肤晒黑的元凶是紫外线，但随着年龄的增长，皮肤的弹性和光泽度都会减弱。斑点、发黄、痘印等问题都会让皮肤看起来不够通透、明亮。

四十一　刚洗完脸皮肤很白，过会儿就暗沉了是怎么回事？

洗脸后看起来皮肤白有两个原因：①洗脸后皮肤充分水合、皮肤饱满，角质层表面反光均匀看上去比较亮白；②皮肤表面的油脂被清洗掉了。洗完脸后脸部的油脂被清洗掉了，肤色看起来变亮。但是过一会儿油脂继续分泌，并且皮肤表面的水分蒸发后角质层含水量下降导致反光不均匀，两个因素叠加就会显得皮肤又变得暗沉了。

四十二　肤色暗黄是怎么回事？怎么改善？

肤色暗黄的原因及改善方法如下。

①角质层厚。角质层厚会造成透光性变差，显得肤色暗沉。需要通过去角质来改善。

②缺水反光差。皮肤缺水会造成角质层粗糙不平，导致皮肤反光不

均匀，就显得皮肤没有光泽、暗黄。需要做好补水和保湿。

③糖化。糖化会让皮肤中的胶原纤维、弹力纤维变硬，从而使皮肤失去光泽显得暗黄。需要做好抗糖工作。

④氧化。氧化工会造成皮肤发黄，切开后的苹果越来越暗黄就是由于氧化。需要做好抗氧化工作。

⑤皮肤油脂过多。油脂本身就微微发黄，且油脂容易氧化变黄。需要控油，做好清洁。

四十三　痘印怎么消除？

痘印只能淡化。痘印分为色素型和角化型，色素型痘印，可以通过淡化色素的方式，长期使用含可以阻断和分解黑色素的维生素 C 成分的护肤品可以淡化痘印，局部热敷后点涂，配合保鲜膜封包可以加快维生素 C 透皮吸收从而更快见效。角化类的痘印通过护肤很难改善，可以通过正规医疗手段淡化。

四十四　皮肤为什么会变黑？

皮肤变黑必须具备 3 个条件，也必须经历 3 个过程。

当受到紫外线、过度摩擦、过度拍打、火烤等外界刺激时（条件 1：外界刺激），皮肤会启动自我保护机制，分泌信息传达物内皮素（条件 2：信息传达物），内皮素向位于基底层的黑色素细胞发出求救信号，于是黑色素细胞产生酪氨酸抵御刺激，酪氨酸会在酪氨酸酶（条件 3：酪氨酸酶）的作用下生成黑色素（结果），并不断向表皮移动和堆积，这时皮肤就会变黑。

四十五　晒黑了怎么美白？

如果以前肤色很白，后来变黑可能是防晒不当或者是因过度摩擦皮肤、过度拍打皮肤、火烤皮肤等刺激皮肤的行为造成的。要想变白，按前文所说的原理，要么阻断条件1，要么阻断条件2，要么阻断条件3，要么瓦解结果（黑色素），但恢复原本肤色是个复杂且漫长的过程，可能要半年以上。

美白方法如下：①阻断条件1——外界刺激，日常防晒、避免使用磨砂类的洗面奶、避免使劲搓脸、护肤时切勿使劲拍打面部等。②阻断条件2——信息传达物，选择含有洋甘菊提取物、传明酸十六烷基酯、t-AMCHA（t-环氨基酸衍生物）、传明酸等能够阻止细胞发布产生黑色素指令的成分的护肤品护肤。③阻断或抑制条件3——酪氨酸酶，建议选择含有维生素C、熊果苷、亚油酸、鞣花酸、4-丁基间苯二酚、紫檀芪、胎盘素、水杨酸、曲酸、烟酰胺等成分的护肤品护肤。④瓦解结果——黑色素，选择能够分解黑色素的维生素C及其衍生物，比如含有抗坏血酸、抗坏血酸磷酸酯钠、抗坏血酸磷酸酯镁、抗坏血酸葡糖苷等成分的护肤品，或是选择含有右泛醇等成分的护肤品。

四十六　天生皮肤黑能通过护肤品美白吗？

可以的，但是不可能比你手臂内侧（原本肤色）白。

皮肤黑是因为黑色素比较多，所以要么减少黑色素生成，要么分解已生成的黑色素。

黑色素生成是酪氨酸在酪氨酸酶的作用下完成的，所以抑制酪氨酸酶活性或者破坏酪氨酸酶可以减少黑色素的产生，选择含有维生素C、熊果苷、亚油酸、鞣花酸、4-丁基间苯二酚、紫檀芪、胎盘素、水杨酸、曲酸、烟酰胺等成分的护肤品可以抑制酪氨酸酶活性从而减少黑色素生成。如果黑色素已经生成则可以通过干扰黑色素传输到表皮实现黑色素的"隐藏"，可以选择含烟酰胺等成分的护肤品来实现。如果黑色素已经传输到表皮则可以通过促进黑色素代谢达到美白效果，可以选择能够分解黑色素的维生素C及其衍生物，比如含有抗坏血酸、抗坏血酸磷酸酯钠、抗坏血酸磷酸酯酶、抗坏血酸葡糖苷等成分的护肤品，或是选择含有磷酸腺苷二钠、右泛醇等成分的护肤品。

四十七　脸上的色斑怎么改善？

色斑是黑色素的局部堆积，所以色斑可以通过分解黑色素来改善。色斑分为4类：晒斑、雀斑、黄褐斑、老年斑。改善晒斑需要预防紫外线，做好防晒工作，对于已经生成的晒斑使用含维生素C、维生素E成分的护肤品改善；雀斑和老年斑的处理方法与晒斑一样。黄褐斑可以使用含有传明酸成分的产品改善，并要防止过度摩擦、拍打皮肤。

四十八　18岁可以用美白产品吗？

可以，美白产品使用不受年龄限制，但如果皮肤处于过敏状态则不可以使用。

四十九　30岁开始长色斑了怎么办？

长色斑跟年龄没有太大关系，只是恰好在30岁显现出来了而已。

色斑分为晒斑、雀斑、黄褐斑、老年斑；晒斑、雀斑、老年斑，日常要做好对紫外线的防护，可以使用含有维生素 C、维生素 E 的护肤品。黄褐斑可以使用含有传明酸的护肤品，日常避免过度摩擦、拍打皮肤。

五十 用了淡斑精华效果不好是怎么回事？

要么是产品没选对，要么是用的时间太短，要么是使用顺序错了。选对产品的前提是要分清楚自己的色斑属于哪一种，每一种色斑的护理方法不一样，有针对性地护理才能有效。

第六节　抗衰问题

年轻的皮肤细胞新陈代谢旺盛，细胞分裂也很活跃，能够维持皮肤的弹性、柔软性，随着年龄的增长，老化的皮肤细胞新陈代谢活动变缓，皮肤就会越来越松弛，长皱纹。在紫外线和其他环境因素的影响下，皮肤中的弹性蛋白和胶原蛋白减少，细胞失去支撑，就开始塌陷形成皱纹，皮肤也变得松弛。

抗衰是一个需要长期坚持的过程！而且防大于治，在皮肤出现衰老之前就做好预防，这才是最好的抗衰方法！

五十一　纯素食有利于抗衰吗？

不利于。抗衰要保证体内有充足的胶原蛋白。而胶原蛋白存在于鱼、虾、瘦肉等肉食中，素食中胶原蛋白一般含量很少。

五十二　为什么抽烟的人更显老？

烟草中含有大量尼古丁，尼古丁会强烈地氧化细胞和皮肤。氧化会造成皮肤失水（暗黄）、胶原蛋白流失（皱纹）、弹力纤维减少（松弛），加快皮肤老化。

五十三　甜品吃多了会变老吗？

会的。糖分摄入过量会导致皮肤糖化，糖化会造成皮肤胶原蛋白减少（产生皱纹）、弹力纤维减少（更加松弛），从而更显老。

五十四　25岁之后开始用眼霜晚吗？

不晚，用总比不用好。25岁用比28岁用好，28岁用比30岁用好，所以25岁用眼霜并不晚。并且根据皮肤本命年，第三个本命年是28岁，提前3年也就是25岁开始使用眼霜刚刚好，可以预防轻熟肌会出现的眼周问题。

五十五　什么时候开始使用抗衰类护肤品比较合适？

根据皮肤本命年，28岁之后，皮肤的各项指标开始下降，提前3年也就是25岁开始用抗衰类的护肤品比较合适。

五十六　皮肤出现衰老症状之后还能改善吗？

时光无法倒流，皮肤衰老后也无法恢复得比以前好，只能使用护肤品加以改善，延缓皮肤衰老。除了生理因素，皮肤衰老主要有"内因三大杀手"和"外因三大杀手"，针对这六点护理皮肤，可以很好地保护

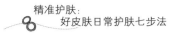

皮肤，延缓衰老。

五十七　表情纹怎么改善？

　　表情纹很难改善，不过可以试试热敷＋保湿＋补充胶原蛋白，并长期坚持。表情纹是真皮层的胶原蛋白流失造成的，选择含有维A酸、维生素E及其衍生物、虾青素、烟酰胺、维生素C及其衍生物、神经酰胺、乙酰基六肽-8、二肽二氨基丁酰苄基酰胺二乙酸盐等成分的护肤品，使用时可通过热敷促进这些成分的吸收。同时，也要做好皮肤的保湿。

五十八　鱼尾纹怎么改善？

　　热敷＋保湿＋补充胶原蛋白。随着年龄的增长，真皮层的胶原蛋白流失，导致皮肤形成了鱼尾纹，改善鱼尾纹的关键要做好深度补水并补充胶原蛋白。热敷可以促进皮肤角质层的水合作用，打开皮肤毛孔，扩大角质层角质细胞之间的细胞间隙，大幅提升吸收效果。选择含有维A酸、视黄醇棕榈酸酯、生育酚视黄酸酯、富勒烯、辅酶Q10、维生素E及其衍生物、虾青素、烟酰胺、维生素C及其衍生物、神经酰胺等成分的护肤品。

五十九　皱纹怎么改善？

　　热敷＋保湿＋补充胶原蛋白。随着年龄的增长，真皮层的胶原蛋白流失，皮肤就会形成皱纹，改善皱纹的关键同样是做好深度补水并补充胶原蛋白。同时选择含有维A酸、维生素E及其衍生物、虾青素、烟酰胺、维生素 C 及其衍生物、神经酰胺等成分的护肤品。

六十　法令纹怎么改善？

法令纹一旦形成，很难祛除。因为它的出现代表着皮肤衰老，是胶原蛋白和弹力纤维流失造成的"皱纹 + 松弛"的综合问题。

改善这类问题的关键在于做好抗氧化工作，坚持使用含有抗氧化功效的护肤品，能够缓解皮肤自然老化的进程。高勒烯、辅酶 Q10、虾青素、生育酚磷酸酯钠（生育酚乙酸脂 / 维生素 E 衍生物）都是很好的抗氧化成分；视黄醇、烟酰胺、NE1-L1 等成分也能有效对抗皱纹的产生。保证你的护肤品至少含有以上一种成分，坚持使用，会有明显的改善。

第七节　防晒问题

　　光照射导致的皮肤慢性损伤，我们称之为皮肤光老化。其表现为皮肤干燥、发黄并有大量的深颈纹。大部分皮肤问题都与光老化有关，并且紫外线对皮肤的伤害并不是一次性的，也就是说每接受一次没有防护的日光照射，都会使皮肤向衰老靠近一步。

六十一　紫外线会让皮肤变松弛吗？

　　会的。紫外线中的 UVB 会直接损伤皮肤细胞，诱导细胞产生活性氧自由基，引起表皮细胞 DNA 受损，进一步导致细胞膜结构损伤，使胶原蛋白和弹性纤维减少，让皮肤变得松弛。

六十二　只涂防晒霜需要卸妆吗？

　　需要。因为防晒霜里有成膜剂，成膜剂具有防水性，所以要用卸妆产品才能卸掉。

六十三　脸上长痘了还能涂防晒霜吗？

　　可以。不过要选择温和度高、防晒指数低的防晒霜并且及时卸妆。

相比于涂防晒给痘痘带来的负担，紫外线照射给皮肤带来的损伤会更严重。在使用防晒霜时，可以先用痘痘贴把痘痘保护起来，避免防晒霜刺激皮肤创口。

六十四 在室内需要涂防晒吗？

需要。UVA 可以穿透玻璃到达室内，室内的地板等也会反射和散射紫外线，所以在室内也需要涂抹防晒霜，特别是在窗边办公的人。不过在室内涂抹的防晒产品倍数可以低一些，选择 PA+~PA++ 的防晒霜就足够了。

六十五 儿童要涂防晒霜吗？

需要。儿童皮肤比较脆弱，要使用专用的儿童防晒霜。同时也要采取戴帽子、穿防晒服、打遮阳伞等物理方法防晒。

六十六 阴雨天或者冬天需要涂防晒吗？

需要。即使是阴雨天，紫外线中的 UVA 也能够到达真皮层，导致皮肤变黑，长斑。无论春夏秋冬、雨雾阴晴都要涂防晒霜，只是在不同环境下可以选择不同防晒系数的防晒霜。

六十七　室外运动怎么做好防晒？

把握以下 5 个关键就可以在室外运动中做好防晒：①防晒霜涂够量；②2~3 小时补涂一次防晒霜；③使用防水型防晒霜；④使用 SPF30 以上、PA++~PA+++ 的高倍防晒霜；⑤戴遮阳帽、打遮阳伞、穿防晒服。

六十八　防晒霜的防晒指数越高越好吗？

不是。防晒指数越高，给皮肤带来的负担越大，可以根据生活所在的区域，以及季节和天气状况等，选择不同指数的防晒，一般在高原地区需要涂防晒指数比较高的防晒霜（SPF30 以上，PA+++），一般在平原地区涂防晒指数一般的防晒霜（SPF30 以上，PA++）即可。

六十九　防晒霜要涂多少量才能发挥作用？

防晒霜的使用量取决于涂抹的面积。只涂脸部需要约 0.6g，也就是 1 枚 1 元硬币大小的量，如果全身都涂抹，需要约 30g。

防晒霜的标准用量为 $2mg/cm^2$。中国人的脸平均长为 20cm、宽为 15cm，脸部面积为 $300cm^2$，则脸部用量为 $2mg/cm^2 \times 300cm^2 = 600mg = 0.6g$。

假如涂抹全身，则可以根据公式计算出体表面积。中国人适用的通用公式为：体表面积（m^2）=0.0061× 身高（cm）+0.0124× 体重（kg）−0.0099。根据以上公式可以计算出你的体表面积，进而计算出防晒霜的用量。

七十　每天都涂防晒霜，为什么还是晒黑了？

以下 6 个原因会造成防晒不到位。

①涂抹的量不够，正确的用量是 2mg/cm²；②没有提前涂抹，要在出门前 20 ~ 30 分钟涂抹，让防晒霜成膜；③没有每 2 ~ 3 个小时补涂一次；④选择的防晒产品防晒系数不够；⑤过程中流汗或擦拭，破坏了防晒膜的整体性；⑥去海边或玩水上项目时，没有用防水型的防晒产品。

七十一　去年夏天没用完的防晒霜，今年还能用吗？

不能用。防晒霜是会被氧化的，开封超过半年基本会被氧化完全，也就没什么效果了。这种防晒霜涂了之后不但没有效果，还会造成皮肤不透气，所以不能继续用。如果防晒霜未开封，又在保质期内是可以用的。

七十二　晒伤或者晒红后怎么急救？

晒后先给皮肤降温，镇定皮肤。用凉白开或者自来水洗脸，不要揉搓，用水冲洗即可，把脸部温度降下来。大约 2 分钟后，使用冰镇后的保湿面膜继续降温和补水，15 分钟后，取下面膜，让皮肤休息一分钟，可以涂抹洋甘菊啫喱或者芦荟啫喱，舒缓修护皮肤。

第八节　选品问题

在选购护肤品的时候要仔细看成分表，选择与皮肤问题相匹配的成分，用在脸上才能起到事半功倍的效果，适合大于一切。

七十三　护肤水的品种太多，买的时候不会选择怎么办？

护肤水包括爽肤水、收敛水、化妆水、紧肤水、柔肤水、润肤水、收缩水、美白水、控油水、保湿水等。

收敛水、化妆水、紧肤水、收缩水都属于爽肤水范畴，质地轻薄，多用于洁面后补水（略带二次清洁的效果，因为多数爽肤水含有微量酒精，可以很好地清洁毛孔里堆积的油脂）。但也正是由于这类产品质地轻薄，容易蒸发，没有保湿的效果，所以使用后需要及时涂抹乳液、面霜等具有保湿效果的护肤品。

柔肤水、润肤水、保湿水的本质是保湿，只是不同品牌有不同的叫法。相较于爽肤水，这类护肤水一般不添加酒精，但是添加了更多的保湿剂，用后肤感嫩滑，保湿效果稍好。

美白水是添加了美白成分的爽肤水。

控油水是添加了控油成分的爽肤水。

七十四　便宜的洗面奶能用吗？

可以的。洗面奶的主要成分是表面活性剂，挑选时有两个参考维度：清洁力和温和度。好的洗面奶不仅清洁力强，温和度也很高，差的洗面奶清洁力强，但是刺激性也很强。所以说洗面奶的好坏关键在于产品所使用成分的清洁力和温和度，不能仅看价格。

七十五　根据质地，护肤水可以分为水、液、露，它们有什么区别？

水多为爽肤水，质地轻薄、好吸收，一般洁面后、乳液前使用。以补水为主，基本没有保湿的效果，适合所有肤质使用，尤其是油性、混合偏油型皮肤。

液多为单一植物提取，例如洋甘菊保湿液、薰衣草保湿液、芦荟保湿液等，适合配合纸膜使用，可以有针对性地解决皮肤问题。

露质地稍厚，一般会添加增稠剂、保湿成分等物质，相较于水，保湿效果稍好，但渗透性稍差。

七十六　护肤品是不是越贵越好？

不是。护肤品中成分的好坏固然很重要，但是决定产品功效的另一个核心因素是有效成分的浓度。抛开浓度谈效果是不负责任的。成分好的产品会相对贵一些，但并非越贵越好。相比于价格高低，使用适合自己当下肤质肤况的护肤品更加重要，适合是有效的前提。

七十七 使用成套的护肤品（同一个品牌的同一个系列）效果会更好吗？

不一定。除非想要解决皮肤某一个比较突出的问题，例如美白、淡斑，否则不建议完全使用同一个品牌、同一个系列的护肤品。其实护肤品搭配使用效果更好，有的主打补水，有的主打美白，搭配使用可以解决多个皮肤问题。但建议产品功效不要超过 4 个，否则会给皮肤带来负担。

七十八 一直使用一种产品会更好吗？

不是。因为皮肤会随着年龄、环境、季节、地域的变化而变化，使用产品要根据年龄、季节、环境变化而调整。

七十九 纯天然成分的护肤品一定是温和的吗？

不一定。比如天然的辣椒，并不温和；比如有人对天然的花粉过敏。所以纯天然成分并不一定温和，关键在于该成分是否适合我们的肤质，提纯之后的浓度是否合适。

八十 无添加剂的护肤品一定是好的吗？

不是。添加剂并不一定是有害的，它可以防止细菌滋生，保证产品的品质，从这方面来讲是对我们有益的。目前只要是符合国家添加剂含量标准的产品，都不会有太大的问题，反倒是没有添加剂的护肤品，保质期短，而且没办法保证里面的细菌含量。

八十一 脸上有痘坑怎么办？

对于脸上的痘坑，日常可以通过化妆品遮盖，护肤品对此很难起到改善效果，可以选择正规医院用医疗手段改善痘坑。

第九节　使用问题

日常生活中，护肤品是我们离不开的皮肤保养品。但是，如果没有养成好的护肤习惯，护肤品的使用方法不正确，护肤效果将会大打折扣，甚至有反效果。错误地使用护肤品相当于慢性损伤皮肤，而正确的方法可以将护肤品的功效最大化，不断改善皮肤状态。

八十二　面膜需要冰镇吗？

正常情况下没有必要，在0~37℃范围内，温度越高，皮肤吸收效果越好。冰镇面膜会让毛孔收缩，导致水分和营养吸收效果变差。但是如果经历了长时间的日晒，可以用冰镇面膜给皮肤降降温。前提是要先用10℃左右的水洗脸，再用5℃左右的水洗脸，之后再用冰镇后的面膜，否则可能会刺激皮肤毛孔突然收缩，造成损伤。

八十三　冷热水交替洗脸能收缩毛孔吗？

冷热水交替洗脸并不能起到长时间有效收缩毛孔的作用，只能让毛孔在一瞬间收缩，对改善毛孔粗大并没有帮助。想要收缩毛孔，需要做好清洁，并使用爽肤水补充水分，控制油脂分泌。保持皮肤水油平衡才是让皮肤细腻、毛孔收缩的关键。

八十四　敷完面膜要不要洗脸？

敷完面膜要洗脸。面膜中含有一定的油性成分和增稠剂，如果不洗掉的话，会影响后续水类、精华类产品的吸收，即使是免洗面膜，也建议使用后洗脸。

八十五　洗完脸一定要把脸擦干吗？

洗完脸必须要把脸擦干。如果不擦干，在水分蒸发的过程中，会带走皮肤原有的水分和油分，令皮肤更加干燥。但是不一定是擦干，擦干时力度把握不好，有可能会伤害皮肤角质层，可以用洗脸巾轻轻按压，把脸拭干。

八十六　护肤水用手拍和用化妆棉擦，哪种方式更好？

没有多大区别。因为水是液态的，流动性比较强，所以用手每次蘸取的量比较少，而化妆棉吸水性比较强，可以蘸取更多的量，能让皮肤吸饱水，但手拍肤感会更好。所以两者各有利弊，对于吸收效果没有本质的影响，护肤水吸收效果的关键在于产品的浓度、使用的顺序、时间、湿度等。

八十七 经常听说刷酸，有的说果酸，有的说水杨酸，它们有什么区别？

它们最大的区别在于果酸是水溶性的，水杨酸是脂溶性的。

果酸溶于水不溶于油，所以果酸只在皮肤表面起作用，主要用于去角质类的产品。果酸是一类酸的统称，常用于护肤品的果酸有柠檬酸、苹果酸、杏仁酸、酒石酸、乳酸、甘醇酸等。

水杨酸溶于油不溶于水，能渗透到毛孔内部，清除堆积的油脂，去角质的同时还可以去黑头和祛痘。但是要注意，水杨酸容易引起过敏，使用前一定要在耳后做敏感测试。

八十八 用了大量的护发素，洗完头发还是很干燥怎么办？

头发干燥主要有 4 个原因：过度吹头发、经常烫发染发、选错了洗发水、不注意防晒。

吹头发的时候，不要吹到全干，吹到九成干就可以了。尽量少烫发或者烫发的时候选择正规的、大型的理发店，并使用好的烫发产品。选择洗发水的时候有五选四不选，词尾含"牛磺酸钠、谷氨酸钠、氨基丙酸钠、乙酸钠、羟酸钠"的成分可以选择（五选），这些成分刺激性弱，对头发和头皮很友好；词尾含"硫酸酯钠、烯烃磺酸钠、硫酸 TEA、钾皂基"的成分，且出现在成分表前两位时建议不要选择（四不选），这些成分清洁力强，刺激性也强，容易造成头皮敏感。同时，紫外线强的时候，出门记得戴帽子，进行防晒。

八十九　为什么头发越来越少了？

头发变少主要有 4 个原因：营养不足、熬夜、护理不当、选错了洗发水。很多人喜欢选择无硅油洗发水，但无硅油并不代表洗发水温和，因为硅油本身是安全的，且硅油稳定性高，不会引起刺激，不易氧化，能在头发表面成膜，保护头发，而且具备顺滑效果，能减少头发毛糙。选择洗发水时有五选四不选，详见上一问题答案。

九十　护肤品中有哪些成分白天不能使用？

易感光或者易氧化的成分不建议在白天使用，例如浓度较高的维生素 C、熊果苷、佛手柑精油、柠檬精油、曲酸、A 酸等。

九十一　嘴巴总是起皮怎么办？

嘴部皮肤是人体表皮当中不含角质层的皮肤，所以它的保水能力非常差。日常要养成多喝水、少舔嘴的习惯，舔嘴只能让嘴巴短暂湿润，之后水分蒸发会导致嘴唇更干。除此之外，可以使用护唇膏保护唇部皮肤，选择含有凡士林、神经酰胺、维生素 A、生育酚乙酸酯、油橄榄等天然油脂类成分的产品。

九十二　多久敷一次面膜比较好？

敷面膜的频率取决于肤质肤况，只要不是敏感性皮肤，面膜是可以天天敷的。面膜具有强封闭性，可以增强皮肤水合，对后续护肤品的吸收有很大的帮助。敷完面膜之后要注意两点：一是要及时洗掉，否则可能会导致皮肤长痘；二是洗掉后要及时用爽肤水补水，使用乳液封闭，否则皮肤水分蒸发，仍然会干燥。

九十三　多少岁开始使用精华最好？

根据皮肤本命年及 3 年护肤对策，祛痘精华在 14 岁之后就可以用；保湿、抗氧化和美白精华在 25 岁后开始使用；抗初老等功效类的精华在 32 岁后开始使用。

九十四　只用护肤水保湿就够了吗？

不够。护肤水中的水分虽然能够渗透到皮肤角质层，给皮肤快速补水，但是其非常容易蒸发，并且蒸发的过程中可能会带走皮肤原有的水分，导致皮肤短暂滋润后变得更干燥。护肤水的主要功效不是保湿，而是补水，保湿需要搭配乳液和面霜等含有油分的产品，将水分牢牢锁在皮肤里。

第十节　眼部问题

面部最脆弱的皮肤就是眼周皮肤，其厚度只有两颊皮肤的1/5左右，并由于日常眨眼、表情变化等动作，眼部肌肤血管易受损，导致黑眼圈及眼袋等问题，或是过早出现鱼尾纹、眼皮下垂等，因此我们从 18 岁就可以开始进行眼部护理了（防大于治）。

九十五　眼角突然长细纹是怎么回事？

1. 皮肤干燥：经常熬夜或者出差、旅游时皮肤由湿润的环境换到了干燥的新环境，因皮肤缺水造成的细纹，也叫干燥纹，做到补水保湿就可以缓解，洗脸后用爽肤水补充水分，用复涂法涂抹三次。如果有湿敷棉最好，可以在皱纹处局部湿敷，紧接着涂抹保湿乳和保湿霜，锁住皮肤的水分，长效保湿。晚上可以在洗完脸后、涂爽肤水前贴补水面膜。

2. 紫外线照射：长时间暴露在紫外线下，因晒伤造成的细纹，也叫损伤纹。先给皮肤做热敷，打开毛孔，接着使用含有母菊提取物、维生素 C、烟酰胺等成分的水、精华、眼部精华、眼霜、乳液、面霜依次护肤。

九十六　熬夜会加重黑眼圈吗？

会。熬夜一是会让血液循环变慢，皮肤代谢放缓，眼周皮肤形成血瘀，黑眼圈就会加重；二是会导致自由基生成与消除的动态平衡被打破，导致皮肤氧化，加重黑眼圈；三是会造成皮肤水分含量下降，皮肤角质层透光度变差，出现散射或者反射杂乱，显得黑眼圈较重。

九十七　什么产品可以淡化黑眼圈？

黑眼圈主要分为 4 种：熬夜型黑眼圈、血管型黑眼圈、色素型黑眼圈和结构型黑眼圈。不同类型黑眼圈的淡化方法不相同（详见第三篇第四章第三节"早上护肤"）。

九十八　眼部脂肪粒怎么消除？

重点在于做好眼部保湿。另外，根据年龄定期去角质（详见第四篇第六章第二节"毛孔粗大、黑头、白头"）。

九十九　怎么去眼袋？

水肿型眼袋：眼周皮肤代谢比较缓慢，当水分在眼睛周围聚集时，就容易形成水肿型眼袋，如睡前喝水或枕头过低。这种眼袋只需要做好预防，睡觉前少喝水，同时不要枕过低的枕头即可。

衰老型眼袋：一般是由防晒、护理等不到位造成的。在眼周皮肤出现老化迹象之前开始使用眼霜，并且做好防晒。紫外线强的时候最好佩戴墨镜。选择去眼袋产品时，可以选含有玫瑰精华、甘菊精华、芦荟精华的产品。

在充分学习了护肤知识后，评估一下你的精准护肤分数吧！

测试方法：最终分数 =A 表评分 ×B 表评分，不同分数对应不同的档位，找到自己所处的档位就知道自己的护肤做得怎么样啦！

A表：选对评分表（早上）

顺序	步骤名称	步骤作用	步骤权重	分值范围	评分
1	洁面	清除夜间面部油脂和纤维等	20	−20~20	
2	护肤水	打开皮肤吸收通道，快速补充流失的水分和营养	10	−10~10	
3	精华	进入皮肤深层，补充丰富的营养	20	0~20	
4	眼霜	为脆弱的眼周补充营养	10	0~10	
5	乳液	质地较水稍厚，营养更丰富，滋养皮肤，承上启下	10	−10~10	
6	面霜	质地最厚，营养最丰富，长效养肤一整天	10	−10~10	
7	防晒	阻挡皮肤老化的元凶——紫外线，为肌肤做好防护	20	0~20	
	合计		100	/	

A 表：选对评分表（晚上）

顺序	步骤名称	步骤作用	步骤权重	分值范围	评分
1	卸妆	溶解并清除彩妆和灰尘等	15	−15~15	
2	洁面	二次清洁，疏通毛孔，打开皮肤吸收通道	10	−10~10	
3	面膜	洁面后毛孔张开，营养更易吸收，修复日间损伤	15	0~15	
4	护肤水	打开皮肤吸收通道，快速补充流失的水分和营养	10	−10~10	
5	精华	进入皮肤深层，补充丰富的营养	20	0~20	
6	眼霜	为脆弱的眼周补充营养	15	0~15	
7	面霜	整夜补充营养，使日间受损的肌肤尽量得到修复	15	−15~15	
合计			100	/	

A 表打分说明

(1)满分为100分；（2）评分时可分为4档；（3）把各项评分加起来计算总分。

① 没有使用，即得0分。

② 产品选择错误，按分值最低分评分。

　　例：洁面——干性皮肤用控油洁面为选错，即得-20分。

③ 产品选择正确，按分值最高分评分。

　　例：洁面——干性皮肤用保湿型洁面为选对，即得20分。

④ 产品使用无功无过，可以在分值范围里酌情打分。

　　例：23岁使用了抗氧化精华，实际此时应使用保湿型精华，此时为无功无过，可在0～20分之间酌情打分。

B 表：用对评分表（早晚通用）

项目名称	作用	评分方法	系数范围	评分
顺序	正确的顺序能让产品充分发挥其应有的作用	早晚 7 步是否用对	0.1~1	
方法	正确的产品使用方法，让皮肤吸收加倍	5 个"黄金 30 秒"，影响皮肤吸收的 7 大黄金法则、捂压法、复涂法	0.5~3	

小 测 试

B 表打分说明

（1）顺序系数：顺序用对，钱不白费。

正确的顺序能让产品充分发挥其应有的作用，错误的顺序会让产品效果大打折扣。在读完这本书后，对护肤品的正确使用顺序你应该有了一个新的认识，此条评分系数为0.1~1。

第三步之前顺序完全正确，即得0.3分；第五步之前顺序完全正确，即得0.7分；7步完全正确，即得1分。

（2）方法系数：方法用对，效果加倍。

此处"方法"指前文重点提及的5个"黄金30秒"、影响皮肤吸收的7大黄金法则、捂压法、复涂法。此条评分系数为0.5~3。

使用1条视作系数为1.5、使用2条视作系数为2、使用3条视作系数为2.5、4条全部使用视作系数为3；如果没有使用以上方法，则系数为1。注意：如若使用错误护理则系数为0.5，例如：热水洗脸、洁面后没有及时使用护肤水或延时使用护肤水，则视为错误护理。

精准护肤得分 = 选对分 × 顺序系数 × 方法系数 （即 A 表得分乘以 B 表两个系数得分）（早晚分开）

举例：

小美同学选对表得分70分，顺序系数为0.5，方法系数为2.5，则小美同学的精准护肤分为70 × 0.5 × 2.5=87.5分。

分值分析：

A档为90分以上，说明你的护肤做得很好，你的皮肤也应该是让人羡慕的理想状态。

 小测试

B档为80分以上，说明你的护肤做得较好，你的皮肤也应该是基本理想的状态。

C档为70分以上，说明你的护肤做得基本还行，你的皮肤虽有不是理想状态但也无大问题，属于"凑合"的状态。

D档为50~70分，说明还没做到正确护肤，你的皮肤应该有不少问题，至少你不太满意自己的皮肤状况。

E档为0~50分，说明你正在破坏自己的皮肤，要赶紧做出改变，不然皮肤会越来越差。

参考文献

［1］ 何黎，郑志忠，周展超.实用美容皮肤科学［M］.北京：人民卫生出版社，2018.

［2］ 李全.化妆品原理与应用［M］.北京：科学出版社，2020.

［3］ 李虹.美容技术分册［M］.北京：人民军医出版社，2015.

［4］ 何黎.美容皮肤科学［M］.北京：人民卫生出版社，2011.

［5］ 朴永君.皮肤性病学　高级医师进阶［M］.北京：中国协和医科大学出版社，2016.

［6］ 董银卯，孟宏，马来记.皮肤表观生理学［M］.北京：化学工业出版社，2018.

［7］ 雷万军，代涛.皮肤学［M］.北京：人民军医出版社，2011.

［8］ 肖素荣，李京东.虾青素的特性及应用前景［J］.中国食物与营养，2011（5）：33-35.

［9］ 一之介.护肤图鉴［M］.谢丽敏，译.青岛：青岛出版社，2020.

［10］ 董银卯，孟宏，易帆.皮肤本态研究与应用［M］.北京：化学工业出版社，2019.

［11］ 牧田善二.抗糖美肤术［M］.江苏凤凰文艺出版社，2022.

［12］ 缪永翔，谭景林，林苗苗，等.新型聚醚基三硅氧烷表面活性剂的制备及表面活性［J］.日用化学工业，2019，49（1）：1-4.

［13］ 徐冬梅.走近化学［M］.北京：科学出版社，2018.

［14］ 王琳.如何消退痘印痘坑［J］.开卷有益－求医问药，2021（5）：14.

［15］ 刘保国，李志英，李保卫，等.复方杏仁面膜治疗女性黄褐斑的临床疗效及对血清性激素水平的影响［J］.河北中医杂志，2008，30（7）：682-683，686.

［16］ 李利.美容化妆品学［M］.北京：人民卫生出版社，2011.

［17］ 赵邑.你的皮肤为什么越补水越干？［J］.康颐，2016（5）：41-42.

［18］ 孙庆杰.天然神经酰胺的研究与开发［J］.中国油脂，2003（2）：60-61.

［19］ 蒲云峰，张伟敏，钟耕.神经酰胺功能和应用［J］.粮食与油脂，2005，18（7）：14-16.

［20］ 凌志强，杜卫刚，李东.透明质酸衍生物的研究进展［J］.云南化工，2021，48（11）：16-17.

［21］ 李彩云，李洁，严守雷，等.抗坏血酸在食品中应用的研究进展［J］.食品科技，2021，46（4）：228-232.

［22］ 葛颖华，钟晓明.维生素C和维生素E抗氧化机制及其应用的研究进展［J］.吉林医学杂志，2007（5）：707-708.

［23］ 丁文轩.维生素C的结构、性质与功效［J］.当代化工研究，2017（7）：125-126.

［24］ 李钟玉，李临生.烟酸、烟酰胺的研究进展［J］.化工时刊，2003（2）：6-9.

［25］ 李志伟，刘树彬，杨更亮，等.分子印迹整体柱快速分离烟酰胺及烟酸［J］.色谱，2005（6）：622-625.

［26］ 肖素荣，李京东.虾青素的特性及应用前景［J］.中国食物与营养，2011（5）：33-35.

［27］ 高俊全，郭卫军.虾青素　健康新世纪的奥秘［M］.北京：中国医药科技出版社，2013.

［28］ 钟奋生.中国虾青素的崛起［J］.时代报告（中国报告文学），2017
（12）：186-202.

［29］ 曹冬梅.面部封包式敷膜法临床效果观察［J］.延安大学学报（医学科
学版），2009（3）：153.

［30］ 李雅琴，程丽雪，纪超，等.皮脂腺在炎症性皮肤病中的研究进展
［J］.中国美容医学，2016，25（11）：116-118.

［31］ 闻人庆，陆伟宏，严春霞，等.酪氨酸酶活性与黑素生成关系的基础
及临床研究［J］.中国美容医学杂志，2014，23（23）：2028-2031.

［32］ 关英杰，金锡鹏.环境因素对皮肤衰老的影响［J］.环境与职业医学，
2002（2）：113-115.

［33］ 姚露，何黎.皮肤光老化组织学改变研究进展［J］.国际皮肤性病学
杂志，2010（2）：92-94.

［34］ 神芳丽，赵萍萍，霍仕霞.黑素合成及相关细胞的研究进展［J］.中
国医药导报，2013（32）：33-35，38.

［35］ 梁庆，王晖，陈垦.皮肤吸收促进剂对角质层影响的研究进展［J］.
中南药学，2008（4）：447-450.

［36］ 吴巧云，郑敏.皮脂腺功能及调控的研究进展［J］.医学综述，2006
（20）：1217.

［37］ 邹鹏飞，刘辉，路万成，等.基底膜与皮肤护理［J］.香料香精化妆
品，2013（3）：58-60.